哈洛新知
Hello Knowledge

知识就是力量

神秘的地球

神秘的地球

地球景观与其构造力量指南

[英]乔迪·托尔　著

宗哲　译

华中科技大学出版社
http://www.hustp.com

中国·武汉

神秘的地球
Shenmi de Diqiu

［英］乔迪·托尔 著

宗 哲 译

图书在版编目（CIP）数据

神秘的地球 /（英）乔迪·托尔（Geordie Torr）著；宗哲译 . —武汉：华中科技大学出版社，2022.10
（万物探索家）
ISBN 978-7-5680-8606-6

Ⅰ . ①神… Ⅱ . ①乔… ②宗… Ⅲ . ①地球－普及读物 Ⅳ . ① P183-49

中国版本图书馆 CIP 数据核字（2022）第 154760 号

湖北省版权局著作权合同登记　图字：17-2022-109 号

策划编辑：杨玉斌
责任编辑：陈　露　　　　　　　　装帧设计：陈　露
责任校对：王亚钦　　　　　　　　责任监印：朱　玢

出版发行：华中科技大学出版社（中国·武汉）　　电话：（027）81321913
武汉市东湖新技术开发区华工科技园　　　　　邮编：430223

录　排：华中科技大学惠友文印中心
印　刷：湖北金港彩印有限公司
开　本：880 mm×1230 mm　1/16
印　张：12
字　数：380 千字
版　次：2022 年 10 月第 1 版第 1 次印刷
定　价：168.00 元

目录

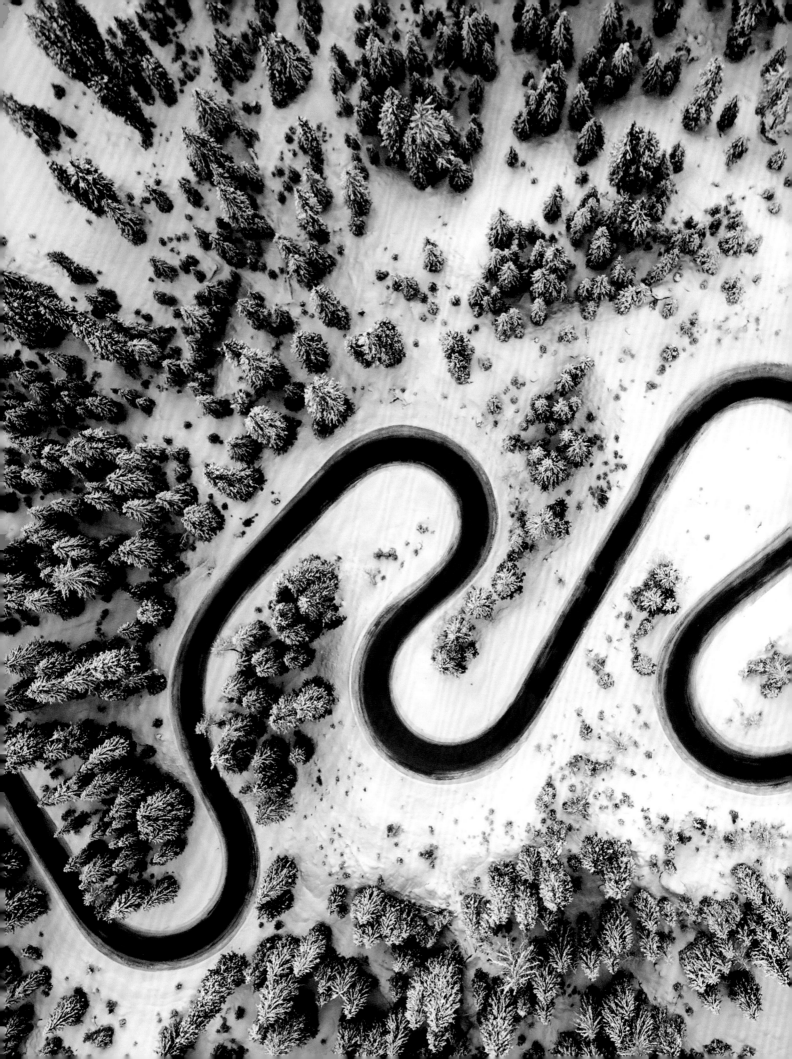

// 引言

作为一颗精力充沛、不休不眠的星球，从灼热稠密的地核到坚硬的岩石表层，再到大气层的边界，地球永远处于移动和变化之中。

不同大陆之间的碰撞中，山脉成形，火山悸动，地震焚巢荡穴；河流和冰川雕刻出深谷，冲刷出广阔的平原和富饶的三角洲；洋流和大气环流裹挟大量的热量，在赤道和两极之间循环往复，影响气候，导致疾风暴雨。

地球表面不断地重塑，使这颗星球拥有了独特的地形地貌。雨水下落，既侵蚀出壮观的洞穴，也触发山体滑坡；海浪肆虐，将海岸线打磨成参差错落的模样；狂风呼啸，将沙漠的尘土吹到全球各处。

地球可以被分为三个部分——陆地、海洋和大气，每个部分都有其独特点，变化过程不同，状态也不同。虽然在某些方面，不同的部分各行其是，但它们同样在很多方面相互联系，对彼此都有复杂的影响。

剧烈的环境变化正在我们身边发生。人类活动深远地影响了全球气候系统，而这种变化发生在许多我们还在努力理解的领域。人类活动对地球的影响空前绝后，其后果正在我们面前上演，冰川消逝，冻土融化，旱涝灾害轮番上阵，风暴肆虐，野生动物灭绝，海平面上升，诸如此类。

这些现象无不说明，面对这颗被我们称为地球的星球，发掘其秘密、领略其壮丽的最佳时机正在眼前。

下图 太空视角下的地球。

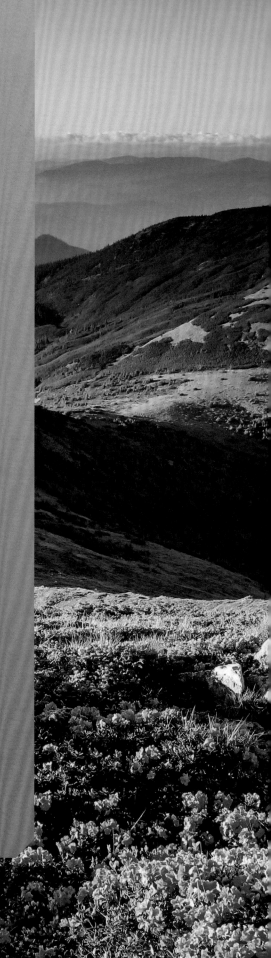

陆地

　　即使岩石露头的存在能够追溯到地球的早期，大部分陆地仍是不断运动变化的。风化侵蚀不断损耗陆地，板块运动和其他外力让山脉越来越高耸，火山喷发后熔岩冷却，新的陆地也会由此而生。板块运动同样造成了大陆漂移，不同大陆以缓慢又壮观的步伐走向四分五裂——它们会聚到一起形成广阔的超大陆，之后又再一次漂离彼此。

　　因此，陆地形式多种多样：河流、冰山和冰盖使深深的峡谷得以成形，肥沃的三角洲也由此而生；海洋的伟力打造出海岸线，塑造出不同的地形。陆地影响着我们的气候和天气，雨水降落、空气流动、植物生长、沙漠形成，陆地在这些过程中都起着决定性的作用。

　　地球上全部的陆地区域约有1.5亿平方千米，约占全球总面积的29%。人类历史可记的大部分时间里，陆地上的区域几乎都是荒野，密布着广阔的森林和植被。然而，在近几百年内，人类活动使陆地面目全非，砍伐森林，种植庄稼，挖掘矿藏，建造城市，这样的事情不胜枚举。

乌克兰境内的喀尔巴阡山脉。喀尔巴阡山脉占地约 20 万平方千米，它与阿尔卑斯山脉的东部相连。地理意义上，喀尔巴阡山脉仍然年轻，它几乎没有受到上一个冰期的影响，主要是由水流冲刷而成的。

// 地球的起源

约在45亿年前，经过一个名为吸积的过程，一团由宇宙尘埃组成的太阳星云组成了地球。

在46亿年前的某个时刻，静电现象使尘埃颗粒开始相互黏附，形成微粒这样的微小物体。随着这些微粒质量的增长，引力使它们与其他微粒聚集在一起，形成鹅卵石大小的石块，这些鹅卵石大小的石块聚集在一起形成更大的石块，后续过程以此类推。最终，这种增长使直径 1 ～ 10 千米的微小行星得以形成，即星子。

星子相撞形成了更大的天体，其中的一个在体积上比其他星子更具优势，最终成为地球。在 1.2 亿～ 1.5 亿年的时间里，新生的地球受到了更多星子的撞击，逐渐变得越来越大。

随着地球的增长，它的引力变得更强，将更多的物质据为己有，并且将已经被吸引的物质压缩得更为紧密。压缩的

地球的形成过程始于尘埃和微小岩石碎片的黏附，直到黏附形成的天体（星子）大到足以使其引力成为主导力量。原行星在此后迅速成长，最终成长到足够大，表面变平并形成大气层。图中最后一个球体显示的是古代的罗迪尼亚超大陆，它形成于大约 6.5 亿年前的前寒武纪。

过程使物质发热。在包括铀等元素的放射性、与彗星和小行星的碰撞等过程的作用下，地球的温度越来越高，以至于其大部分组成物质熔化，地球本质上就成了一个漂浮在太空中的熔岩球。这个过程导致地球组成部分"排序"，密度较小的硅酸盐物质上升并最终冷却形成岩石的表面或地壳，而密度较大的金属（主要是铁和镍）下沉形成了地球的核心。密度介于两者之间的物质或多或少保持熔融状态，形成中间层，称为地幔。

引力把地球拉成了一个大致的球形。然而，自转使得地球在赤道处略微隆起，形成了所谓的扁球体（地球的赤道半径比极半径长约 21 千米，即 0.3%）。

大约 45 亿年前，地球已经增大到其引力场强到足以将气体原子吸附于其上，大气层因此开始形成（见第 130 页）。

上图 在地球形成后不久，它被忒伊亚击中。忒伊亚是一颗与火星大小相当的原行星。撞击产生的一些碎片进入地球轨道并合并形成月球，而其余的大部分碎片如雨点般落在地球上。

大约在这个时候，地球被一颗火星大小的原行星撞击，这颗原行星被称为忒伊亚，它的金属内核与地球的金属内核融合在一起。这次撞击产生了大量的碎片，最终合并形成月球，同时释放出大量的热量。

在几百万年的时间里，彗星和小行星的进一步撞击使地球表面形成积水，同时也使地壳中产生金属和其他重元素的沉淀。

// 地球的结构

地球内部由三个圈层组成，即地核、地幔、地壳，每个圈层的成分和运动方式都有所不同。

地球最外层的质量仅占不到地球总质量的1%，它就是被称为地壳的岩石外壳。与地壳之内相比，这层岩石外壳冰冷、刚硬又脆弱。

地壳主要由较轻的元素硅、铝和氧组成。地壳分为两种：洋壳和陆壳。对比陆壳，洋壳更为年轻；洋壳主要由玄武岩组成，这些玄武岩在洋中脊形成，在海沟中被破坏（见第104页）。相比之下，陆壳则由多种更古老的火成岩、变质岩和沉积岩组成，其中最常见的是花岗岩。洋壳比陆壳密度大，导致它沉入了地幔更深的位置，由此形成承载大洋的盆地。当这两种地壳碰撞时，密度更大的洋壳受力向下运动。

地壳厚度变化范围很大：海洋之下的地壳可能只有5千米的厚度；大陆之下，地壳可厚达80千米——这个最厚的部分位于喜马拉雅山脉之下。洋壳平均厚度为6.5千米，而陆壳平均厚度为35千米。

地壳之下的地层叫作地幔。地幔厚度近3000千米，是体积最大的地层，其体积占地球总体积的83%。相对而言，它的密度同样不小，质量占整个地球的68%。地幔主要由铁、镁和硅的氧化物组成。在上地幔中，最主要的岩石是一种叫作橄榄岩的矿物。

上地幔可分为两层：上方是温度更低、更为坚硬的岩石，这个区域和地壳一起组成了岩石圈；下方是炙热的软流圈，它处于熔融状态，因此可以缓慢流动。海洋岩石圈平均厚度约100千米。随着时间的推移和内层的逐渐冷却，岩石圈因下一层物质的堆积不断加厚。大陆岩石圈的厚度大约为海洋岩石圈的2倍，不过岩石圈的厚度分布并不均匀。岩石圈分裂成了拼图一样的板块（见第14页）。

在上地幔之下是过渡带，在那里，岩石既不会熔化也不会解体，反而变得非常致密。人们认为，这个区域阻止物质进入下地幔，下地幔是一个比上地幔温度更高、密度更大的固体岩石区域。下地幔的高温致使软流圈中产生对流，有助于周围构造板块的移动。总而言之，越深入地球内部，其细节就越难以探知，从下地幔向更深处的地球成分和结构仍待我们去探索。

地核位于地球中心，质量占地球总质量的30%，其密度几乎是地幔的2倍。地核由大约80%的铁和20%的镍组成，不过地核还含有一些其他的元素，包括金、铂、钴以及硫等。

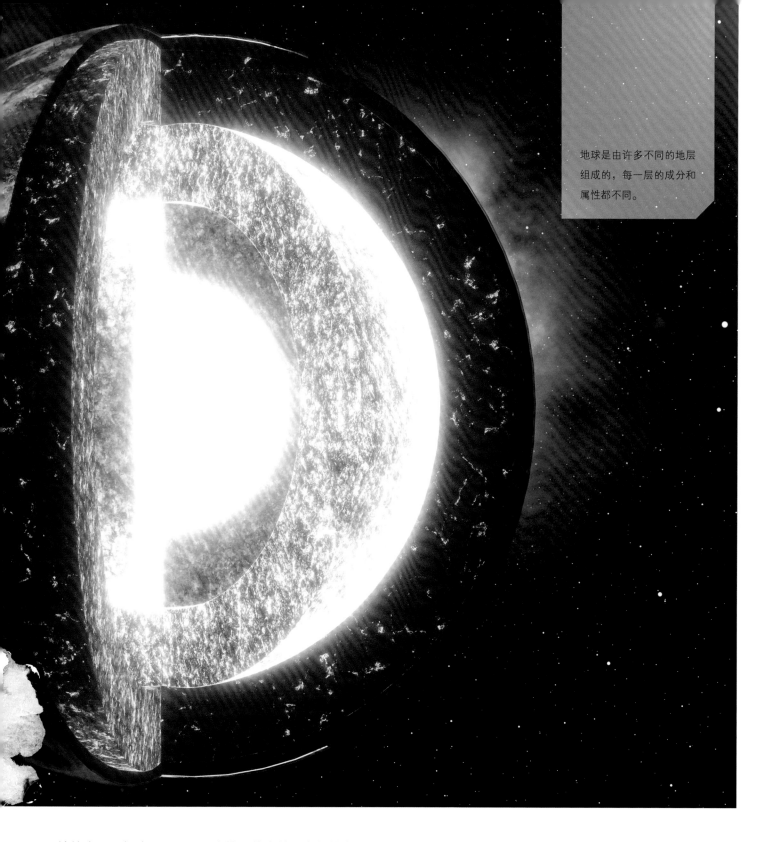

地球是由许多不同的地层组成的，每一层的成分和属性都不同。

地核由两层组成：一层是稠密的固体内核，半径约为 1220 千米；另一层是液体外核，厚度约 2200 千米。地核的最中心也可能有一个几乎完全由铁构成的内地核。

据估计，内地核和外地核交界处的温度约为 6000℃，而其压强约为海平面气压的 330 万倍。

内核中的放射性衰变，主要是由铀元素和钍元素引起的，衰变产生的热量散发到外地核并使其保持液态。放射性衰变还搅动熔化的金属，形成巨大的湍流，产生电流，进而产生地磁场（见第 178 页）。人们认为内地核的旋转速度比地球上的其他地方稍快一些。

// 板块运动

地壳呈现出显著的动态变化，随着各个坚硬板块的缓慢移动，它经历着不断的毁坏和重塑等过程。数十亿年来，板块构造运动改变了地球的面貌，决定了陆地的位置，从而影响了海平面以及气候。

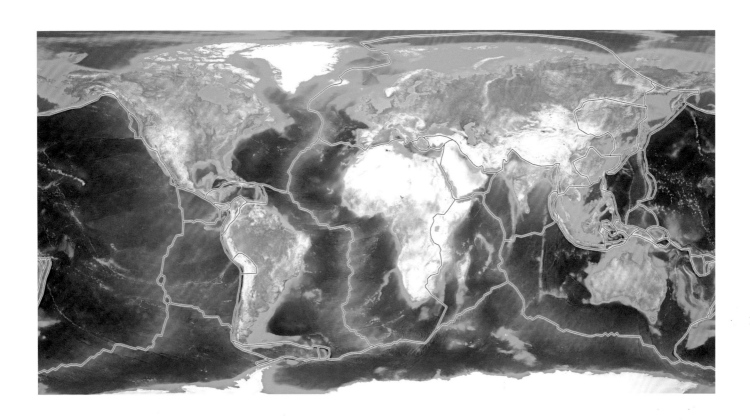

地球坚硬的外壳——岩石圈被分解成七大主要板块，这些板块以它们上面的地形命名：北美洲板块、太平洋板块、欧亚板块、非洲板块、印度－澳大利亚板块（有时分为澳大利亚板块和印度板块）、南美洲板块和南极洲板块。此外，还有几十个更小的板块。位于构造板块上的地壳可以是陆壳或洋壳，大多数板块都包含这两种地壳。

构造板块的密度小于其下方熔融的软流圈中的物质，因此，实际上板块"漂浮"于软流圈之上并在软流圈上滑行。所有的板块都在以不大于每年 10 厘米的速度相对运动，这个过程被称为大陆漂移。板块的边界或将会聚（彼此靠近）、离散（彼此分离）、转换（相对于彼此向两侧移动）。新的地壳不断在扩张的板块边界上形成（在那里物质被挤压到洋中脊），它们在会聚板块边界上被破坏（在那里地壳被挤压到地幔中，这个发生板块俯冲的构造带被称为俯冲带）。

上图 地壳分为七大板块，面积超过 2000 万平方千米，十几个小板块，面积在 100 万～ 2000 万平方千米，以及数十个更小的微板块。

板块运动的机制仍未为人知，但是，我们普遍认为它包括两个过程：地幔内部的对流以及板块边界的形成和破坏所导致的推拉。这些因素的相对重要性以及它们之间的关系仍不明晰，而且各种理论间存在诸多争议。

很长一段时间以来，人们认为地幔内部的对流是板块运动的主要驱动力。地核产生的热量导致地幔中产生了对流，地幔中的物质变热、上升，接近地壳时水平扩散，然后冷却下来。一般认为，这种物质与岩石圈底面之间的摩擦拖动着板块。然而，科学家一直无法确定地幔中对流的作用是否强到可以驱使板块运动。

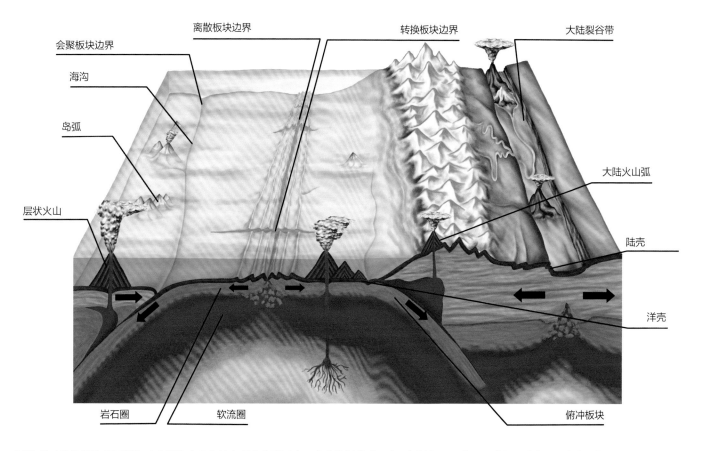

会聚板块边界　离散板块边界　转换板块边界　大陆裂谷带

海沟

岛弧

层状火山

大陆火山弧

陆壳

洋壳

岩石圈　软流圈　俯冲板块

上图 地球构造板块的不断运动在板块边界释放出强大的地震力。在离散板块边界上，板块相互远离，形成新的地壳，而在会聚板块边界上，一个板块被迫向下进入地幔，而另一个板块可能会被挤压上升，形成巨大的山脉。

现在，人们普遍认为，板块运动是板块拉力的结果，从微观论，即洋脊推力的结果。当新形成的、灼热的岩石圈远离洋中脊时，它冷却、增厚并变得致密，导致它下沉到软流圈更深的地方。最终，它到达俯冲带，在那里，重力迫使它回到地幔。这个过程有效地把板块从洋脊拉到海沟里，因此得名"板块拉力"。这个理论的问题在于，尽管北美洲板块处于运动状态，但它并没有进入俯冲带。非洲板块、欧亚板块和南极洲板块也是如此。因此，人们认为，重力作用于新形成的板块物质，使其从洋中脊向下滑动，推动前面的板块，从而形成洋脊推力机制。

大陆板块在世界各地的漂移导致板块不断重新排列。在许多情况下，这包括创造超大陆，超大陆存在时，至少有占地球表面 75% 的地壳会聚在一起，形成一个大陆块。

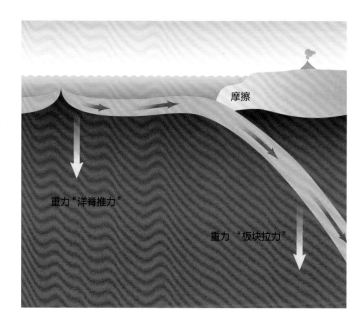

摩擦

重力"洋脊推力"

重力"板块拉力"

上图 地球大陆板块的运动被认为主要是由板块拉力和洋脊推力共同驱动的，究其本源，这两者都是重力作用于地壳物质的结果。

超大陆

自大约 35 亿年前到 30 亿年前板块移动始，超大陆每 5 亿到 6 亿年就会形成和分裂一次。距今最近的超大陆，被称为泛大陆，形成于大约 3 亿年前，似乎包括所有陆壳的 90%。泛大陆被全球性海洋泛大洋所环绕。

泛大陆在大约 2.15 亿年前开始分裂。从大约 2 亿年前开始，它慢慢分裂成两个非常大的大陆：北部的劳亚古大陆（包括现在的北美洲、欧洲和亚洲）和南部的冈瓦纳古大陆（如今南半球的大陆，以及南亚次大陆）。这两个大陆被特提斯海分开，特提斯海残余的部分成了现在的地中海。

在泛大陆出现之前，罗迪尼亚超大陆被认为是在 13 亿年前到 9 亿年前聚合形成的超大陆。罗迪尼亚超大陆持续存在了大约 4 亿年，在大约 7.6 亿年前分裂。环绕罗迪尼亚超大陆的全球性海洋被称为米洛维亚洋。（近期，科学家提出曾短暂存在过一个超大陆，即潘诺西亚大陆，据说它形成于 6 亿年前，分裂于 5.5 亿年前，不过，这个提法仍然存在争议。）

继续向前追溯，超大陆存在的证据变得难以解释起来；然而，人们普遍认为，曾有一块聚合的超大陆，它有很多名字，包括努纳大陆、妮娜大陆、哥伦比亚超大陆等。这块超大陆是在 15 亿年前到 12 亿年前分裂的。

在此之前，凯诺兰大陆被认为存在于 25 亿年前左右，其前身是乌尔大陆，存在于 30 亿年前左右。目前理论上公认最古老的超大陆是瓦巴拉大陆，被认为存在于大约 35 亿年前。

下图 一位艺术家对泛大陆的印象。

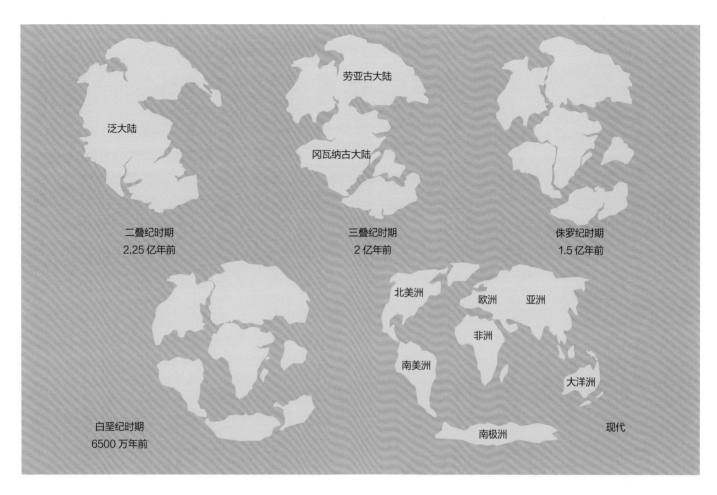

二叠纪时期
2.25 亿年前

泛大陆

劳亚古大陆

冈瓦纳古大陆

三叠纪时期
2 亿年前

侏罗纪时期
1.5 亿年前

白垩纪时期
6500 万年前

北美洲

欧洲　亚洲

非洲

南美洲

大洋洲

南极洲

现代

上图 泛大陆在大约 2.15 亿年前开始分裂。它首先分裂成两个较小的超大陆，即北部的劳亚古大陆和南部的冈瓦纳古大陆，最终分裂形成今天的大陆块。

在南极周围形成，将南大洋与北方较温暖的海水隔离开来。大约在同一时间，赤道流系统被阻断，这意味着赤道水域受热减少，高纬度水域逐渐冷却，南极洲开始形成冰帽。

按照这个周期向前推进，科学家推测，大约 5000 万到 2 亿年后，太平洋将会闭合，北美洲和亚洲聚合形成一个新的超大陆，称为阿美西亚大陆。在这种情况下，大西洋将扩张成一个新的全球性海洋。

超大陆的聚合和分裂对海平面和海洋环流模式产生了重大影响，而海洋环流模式又反过来影响了全球气候。例如，当泛大陆分裂成冈瓦纳古大陆和劳亚古大陆时，特提斯海的形成意味着赤道流可能变成环球洋流。随着赤道表面水体环球流动，水流逐渐升温，其中一些温暖的水流似乎已经流向两极：北极和南极的表面水温达到或超过 10℃，因此两极地区的温度足以让森林得以形成。

同样地，冈瓦纳古大陆分裂时，南极大陆向南移动并在南极聚合，澳大利亚和南美洲向北移动，一个新的环球航道

古陆核

地球上大多数大陆的中心是极其古老、厚实、稳定的大陆岩石圈陆块，称为古陆核。由于洋壳在俯冲带不断循环，海底微陆块的寿命不会超过 2 亿年。相比之下，陆壳可能更古老；格陵兰岛的大块古陆核至少有 38 亿年的历史。在某些情况下，古老的基底岩石暴露出来，而在其他情况下，它被沉积物和沉积岩所覆盖。世界上大部分的钻石来自古陆核区。不含古陆核的陆壳碎片，如马达加斯加岛，被称为陆壳残块。

// 火山

地壳破裂导致热岩浆、火山灰和气体喷发，火山喷发造成全球饥荒和大规模物种灭绝，严重扰乱了全球气候。

火山最常见于会聚和离散板块边界；大多数火山位于水下，而且大多数火山位于环太平洋火山带。那些远离板块边界的火山通常位于热点的上方，这些火山是由于地幔中的热液羽状流上升而形成的。随着板块移动到热点区域，新火山形成，旧火山陷入休眠状态。

火山主要有两种形式。盾状火山有宽阔、缓和的盾状轮廓，通常是黏度较小的熔岩在凝固之前从源头向远处扩散时形成的。这种火山在海洋环境中更为常见。

层状火山呈现为典型的高耸、陡峭的圆锥形，例如日本的富士山和意大利的维苏威火山。它们由熔岩和火山灰组成；熔岩的二氧化硅含量更高，黏度比来自盾状火山的熔岩更大，所以它们不会从火山口流出。由于高硅熔岩往往含有更多的溶解气体，层状火山更有可能喷出大量火山灰和火山碎屑流。松散的火山灰也经常形成危险的火山泥石流。

下图 火山喷发有几种形式，每一种喷发后都会产生特有的结构。裂隙喷火口是线性断裂，熔岩就是从这里喷发出来的；盾状火山通常是黏度较小的熔岩在凝固之前从源头向外扩散很长一段距离，形成宽阔、轻微倾斜的盾状轮廓；层状火山是喷发出来的熔岩具有较大的黏度时在火山口周围形成的高大的锥形火山；熔岩穹丘是由黏度较大的岩浆经溢流式喷发形成的混合物构成的，并因岩浆在地下不断挤入而膨胀。

裂隙喷火口

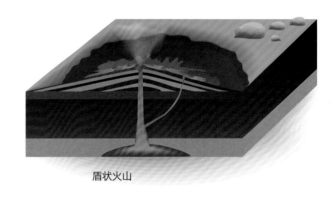

盾状火山

层状火山

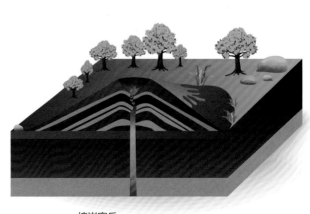

熔岩穹丘

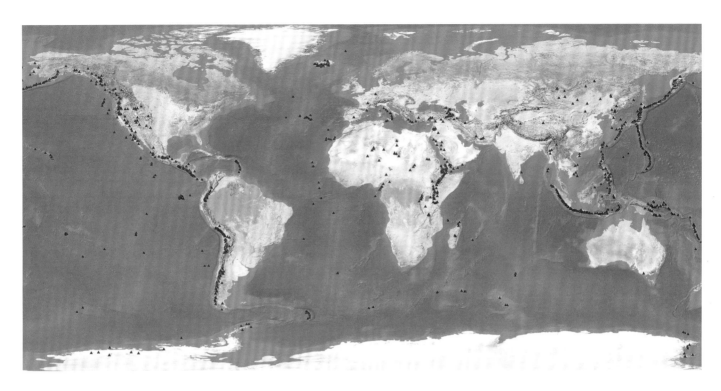

上图 世界上大多数的火山位于大陆板块边缘。它们在环太平洋火山带特别常见，该火山带呈马蹄形，长约40000千米，宽约500千米，环绕太平洋，包含几乎连在一起的一系列俯冲带。在过去的11700年中，有850～1000座火山活跃在该火山带内，约占世界火山总数的三分之二。

下图 新冷却的熔岩，摄于夏威夷火山国家公园。这种起伏的如同绳子一般的熔岩被称为"绳状熔岩"。作为一种玄武岩熔岩，绳状熔岩表面独具特色，流动的熔岩在一层薄薄的、凝固的但仍然虚浮的地壳表面下移动。

　　火山在喷发期间喷出的物质可能以火山气体（主要是水蒸气、二氧化碳和二氧化硫等）、熔岩（岩浆）或火山灰（喷向空中的固体物质）的形式存在。火山灰是因火山内部的岩浆被炽热的火山气体击散并迅速膨胀而形成的。随着岩浆上涌，压力减小，火山气体从岩浆中喷出，岩浆爆裂，导致物质从火山口喷出。喷出物质中的细小颗粒被称为火山灰，而大颗粒直径可达1.2米，重达数吨，被称为火山弹。

　　熔岩的含硅量不同，因此黏度也不同。长英质熔岩，喷发时呈圆顶状或短而粗的岩浆流，通常在火山喷发时产生；安山质熔岩，是层状火山的特征；镁铁质熔岩，通常比长英质熔岩温度更高，存在于各种火山环境之中；还有超镁铁质熔岩，是火山喷发时温度最高的熔岩类型，如今非常罕见。

　　火山喷发可以是岩浆喷溢，也可以是射气岩浆喷发或蒸汽喷发。岩浆喷溢主要是由减压导致的气体释放引起的，如果岩浆黏度高，溶解气体多，则喷发剧烈，反之喷发则相对

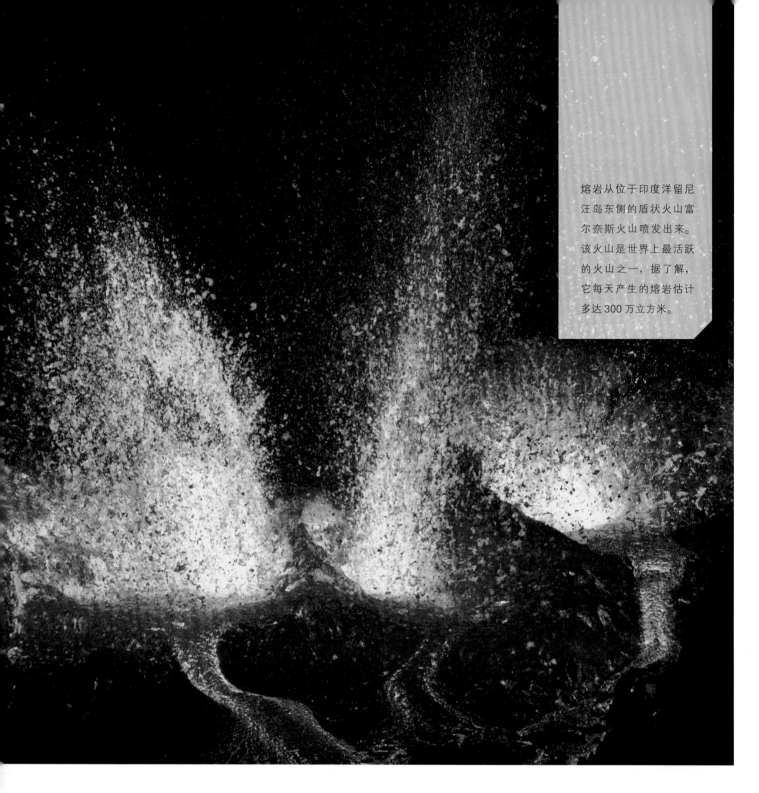

熔岩从位于印度洋留尼汪岛东侧的盾状火山富尔奈斯火山喷发出来。该火山是世界上最活跃的火山之一，据了解，它每天产生的熔岩估计多达300万立方米。

温和。当上涌的岩浆与地下水接触时，地下水会变得过热并快速产生向上的冲击力，这时就会发生射气岩浆喷发。蒸汽喷发也是地下水被高温岩石或岩浆过度加热的结果，但是喷发出来的物质都是已经形成的岩石，而不是新的岩浆。

火山喷发也可以是溢流式喷发，其特征是岩浆黏度较小，气体可以轻易地从这样的岩浆中逃逸出来，然后缓缓地顺着山坡流下；也可以是爆裂式喷发，黏度较大的岩浆困住气体，其中的压力不断积累，直到气体猛烈地喷发出去。

当火山经历喷发，在喷发中产生超过1000立方千米的火山沉积物时，它被称为超级火山。其中包括位于美国黄石国家公园的黄石火山以及位于坦桑尼亚的恩戈罗恩戈罗火山。

大规模的喷发会将火山灰和二氧化硫气体送入大气层。在那里，二氧化硫形成硫酸盐气溶胶，反射阳光，可能导致火山冬天。1601年至1603年，在俄罗斯发生的饥荒导致约200万人死亡，人们认为，这是1600年秘鲁的埃纳普蒂纳火山喷发导致火山冬天的结果。

　　火山喷发释放的二氧化碳在过去对全球气候产生了重大影响，并可能造成了大规模物种灭绝，包括毁灭性的二叠纪末生命大灭绝，这一次灭绝导致约占当时物种总数 90% 的物种不复存在。

　　火山喷发也可以带来好处，例如，火山灰和风化的熔岩可以使土壤变得肥沃。

火山碎屑流

　　有时，爆发式火山活动分解的岩浆和岩石与火山气体混合形成炽热的混合物（温度高达 850 ℃），以高达 725 千米／时的速度扫过地面。1902 年马提尼克岛贝利火山喷发期间，火山碎屑流摧毁了海滨城市圣皮埃尔，造成近 30000 人死亡。火山碎屑流也被认为是公元 79 年意大利庞贝古城毁灭的原因。

蒸汽从位于印度尼西亚爪哇岛东部的活火山布罗莫火山(左前)的火山口升起。该火山的右边是巴托克火山——一座不活跃的火山渣锥。

// 火山特征和地热特征

靠近地球表面的高温岩浆塑造了诸多各异的景观，在高温岩浆与大量地下水同时存在的情况下，这种情况尤甚。

火山特征

破火山口：当发生大型爆裂式喷发时，储存岩浆的地下岩浆库可能会被掏空，导致上面的山崩塌成一个称为破火山口的坑。爆裂式喷发夷平层状火山的顶部时，也可能形成破火山口。破火山口通常是圆形的，有陡峭的边缘，直径可能超过 25 千米，深度可能达数千米。

火山渣锥：从火山口喷出的火山碎屑岩可以堆积成 30 ~ 400 米高的锥形山丘。这种火山喷发往往是短暂的。

裂隙喷火口：熔岩通过的扁平线状裂隙。

熔岩流：从火山喷出的熔岩，尤其是在溢流式喷发期间，会在重力作用下向下流动，直到其冷却凝固。熔岩的流动速度可以达到 50 千米 / 时，且流程可达 100 多千米。熔岩流的化学性质、黏度以及火山喷发类型都会影响它的外观。镁铁质熔岩表面粗糙，与温度较低的玄武岩熔岩流有关，而绳状熔岩具有更平整的、光滑或有褶皱的表面，与流动性更高的熔岩有关。当海底火山喷发时，海水使得涌出的熔岩迅速冷却，形成枕状熔岩。

熔岩管：当熔岩汇成一股熔岩流时，其外表面凝固，形成一个管道，液体熔岩则在其中继续流动。如果液体熔岩全部流出，就会留下一个线形的洞穴或熔岩管。

熔岩穹丘：黏滞的岩浆涌出地表并堆积在火山口周围时形成熔岩穹丘。熔岩穹丘高可达数百米，直径可达数千米。通常情况下，随着更多的岩浆被挤压进入其内部，小穹丘会膨胀。

潜圆丘：有时，黏滞的熔岩被迫向上涌动，但不喷发，造成火山表面隆起，这样的隆起称为潜圆丘。

地热特征

喷气孔：地球表面的开口，释放出蒸汽和火山气体，如二氧化硫和二氧化碳。蒸汽在岩浆与地下水接触时产生，火山气体通常直接从岩浆中喷出。喷气孔的喷口周围有富含硫的矿物的表面沉积物，可以形成成千上万的簇状物或覆盖大片区域。喷气孔可能活跃几个世纪，也可能在几个星期内消失。如果地下水位接近地表，喷气孔可以形成温泉。

一名矿工在印度尼西亚爪哇岛东部的活火山口收集大块的硫黄。矿工利用管道把硫黄气体从火山内部输送到地面。当气体冷却时，它们凝结成液体并最终凝固。

温泉：当地下水与高温岩石接触时，可能形成热泉或温泉。在火山地区，热源通常是岩浆，水的温度可能接近其沸点。

间歇泉：一种罕见的温泉，热水和蒸汽周期性地以强有力的形式喷射而出，形成间歇泉。岩石裂隙底部的水在与岩浆接触后变得过热，但由于受到强大的压力而没有沸腾，此时，间歇泉就会喷发。当一部分水被推出岩石裂隙时，压力减小，剩余的一部分水突然变成蒸汽并膨胀，将裂隙上部的水推向空气中。然后，地下水流回裂隙，补给间歇泉。因此，喷发往往会有规律地重复，喷发时间可能只有几分钟，也可能长达几天。几百年来，美国黄石国家公园的老实泉每隔 60 ～ 90 分钟喷发一次，喷出高达 50 米、多达 32 立方米的沸腾热水。

泥浆池：在缺水的地热区，温泉和喷气孔可能被冒泡的黏稠酸性泥浆池所取代。色彩鲜艳的泥浆池有时被称为"油漆罐"。

泥火山：由细颗粒矿物、水和气体（通常是甲烷）组成的泥浆喷发不一定是地热喷发。虽然有些泥火山形成于火成岩火山喷口上方，但大多数泥火山与岩浆活动无关。由于构造力（如俯冲带或上覆沉积物中的构造力）带来的压力，泥浆混合物通过断层和裂隙被迫涌到地表。泥火山直径可达 10000 米，高度可达 700 米。泥火山和火成岩火山一样，可以在陆地和海底形成。泥火山喷发物质的温度远低于火成岩火山。

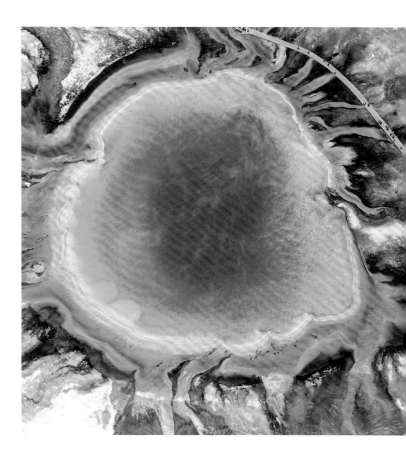

右方上图 美国怀俄明州黄石国家公园的大棱镜泉是世界第三大温泉。该泉直径约 110 米，深约 50 米，每分钟排出约 2.1 立方米 70℃的水。蓝细菌菌落使温泉的颜色呈同心环变化——当水从中心向外扩散并冷却时，就形成了一个温度梯度，不同种类的细菌栖息在不同的温度区域。

右方下图 美国怀俄明州黄石国家公园的城堡间歇泉。这处间歇泉的锥体有 1000 年历史，是由泉华沉积构成的，这种沉积物的组成成分是蛋白石。它每 9 ～ 11 小时喷发一次，将 30 米高的热水送入空中，持续 20 分钟，然后转变为持续约 40 分钟的嘈杂的蒸汽喷发阶段。

// 地震

在所有极为致命的自然灾害中，地震引起地表震颤，被压抑的地震能量会在瞬间被释放出来。

当两个构造板块沿着被称为断层的不连续面突然相对彼此滑过时，通常会发生地震。在正断层上，板块发生向上或向下的相对位移；在逆断层上，板块相互挤压，一个板块在另一个板块下移动；走滑断层或转换断层的特征是板块相互平行地向相反的方向水平移动。

板块边缘通常是不光滑的，它们经常锁扣在一起。随着板块的其余部分继续移动，压力在堵塞点不断累积，直到断层破裂后以地震波的形式突然而猛烈地向周围岩石释放能量，这种地震波从最初的破裂点（被称为震源）向外辐射，就像池塘中的涟漪。当地震波穿过岩石时，它们使岩石发生震动，常常使地表和附近的基础设施破裂。

地震的威力或震级取决于断层的大小和滑动的程度。度量地震震级的方法中，最著名的是里氏震级。里氏震级是由里克特和古登堡在 1935 年提出的，不过这种方法正逐渐被其他的方法所取代。所有这些方法都使用对数值：震级每高一级，地面震动的振幅就扩大到原来的 10 倍，释放的能量就增至原来的 32 倍。一次 8.6 级的地震释放的能量大约是第二次世界大战期间投在日本长崎的原子弹的 10000 倍。

许多地震十分微弱，不可被人感知；另一些地震则雷霆万钧，足以摧毁整座城市。据估计，全球每年大约发生 500 万次地震，其中大约 1% 的地震可以被人感知，而只有大约 100 次地震足以造成严重破坏。

最强烈的地震发生在会聚板块边界的逆断层上。全部地震中的大约 90% 以及大地震中的大约 81% 发生在太平洋板块边缘（环太平洋地震带）的近海地区，因此大多数大地震发生在海洋深处。

有史以来用地震仪测量到的最强烈地震发生在 1960 年 5 月 22 日。震中（震源正上方的地表点）的震级达到了 9.5 级，位于智利卡涅特附近。

8 级及以上的地震被称为特大地震。它们释放的能量占全球地震释放的总能量的 90% 左右。与走滑断层相关的地震的震级通常小于 8，而正断层上的地震震级通常小于 7。

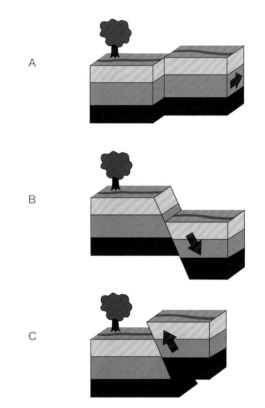

上图 有三种类型的地震断层：走滑断层（A），岩体在水平方向上相对滑动，很少或没有垂直运动；正断层（B），两块岩体分离；逆断层（C），一块岩体在另一块岩体上滑动。

火山活动也可能引发地震，因此，地震可以成为火山即将爆发的早期预警。地震的诱因也可能是人为因素，这类地震是由矿井爆炸和核试验，甚至是水库中的水流动引起的。

有些地震会先发生前震，接着是主震，然后往往是多次余震（震级较小的地震，可能因为错位断层面周围的地壳在重整）。余震可能会持续数年。有时候一个地区会受到群震的冲击，这是一系列震级相近的地震，但没有一个明显是主震，而且持续的时间很短。

地震的次要影响包括山体滑坡和雪崩，或者是地震中产生的碎石冲出堤坝、地震导致河流被拦截或堤坝破裂而引起的洪水等。地震破坏输电线路和瓦斯管道，引发的火灾比地震本身更具破坏性。地震震动也可以导致水饱和的土壤暂时

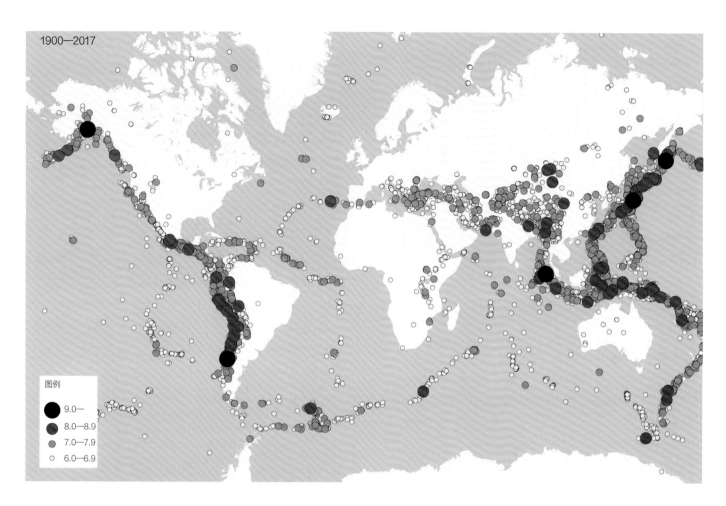

上图 1900 年至 2017 年世界各地地震发生地点的分布图。就像大多数火山位于板块边缘一样，大多数地震也发生在板块边缘，并且在环太平洋火山带附近达到最高密度和最高震级。

图例

- 9.0—
- 8.0—8.9
- 7.0—7.9
- 6.0—6.9

1900—2017

上图 2016 年 11 月 14 日 0 时刚过，7.8 级的凯库拉地震袭击了新西兰南岛。破裂发生在多达 25 个不同的断层上，这是有记录的单次地震中破裂断层最多的一次，造成了大面积的破坏，包括如图所示的 1 号州际公路的严重垮塌。

从固体转变为液体，这个过程被称为土壤液化，可以使上覆的建筑物和桥梁倾斜，滑离或下沉到地面。也许最具破坏性的副作用是海啸，它是由于开阔海域的地震引起大量水突然上升或下降而形成的（见第 120 页）。

地震可能导致大规模的人员伤亡，原因通常归于建筑物和其他结构体的倒塌或者地震引发的海啸。1556 年 1 月 23 日，中国陕西发生地震，造成 83 万余人死亡；2004 年 12 月 26 日，印度尼西亚苏门答腊岛附近海域发生地震，引发印度洋海啸，造成近 25 万人伤亡。

// 山脉

作为高出周围景观的大型地貌，山脉能改变当地的气候和天气，并时常作为国境的分界。

一般来说，高出周围地区 300 米或海拔 600 米以上的地貌被认为是山脉，低于以上高度的地貌就是山丘。山脉往往比山丘更陡。没有突出的山峰的高地被称为高原。

虽然有些山脉是孤立的山峰，但大多数山脉是连绵不断的。一系列相连的山脉被称为山脉带。地球上大约四分之一的陆地是山区。

山脉是由三个主要过程塑造的：火山作用、地壳的热膨胀、构造活动造成的地壳收缩（地壳的一部分在某个俯冲带中被破坏或弯曲）。

大多数火山是由于地表熔岩的堆积而形成的。然而，岩浆也可以把地壳从下面推上去，然后在喷发之前变硬，形成圆顶山。火山山脉通常沿会聚板块边界形成，但当地壳移动到地幔热点上时，即使在远离板块边界的地方，也可能形成火山山脉。

非洲和南极高地的大部分地形都是由热膨胀过程塑造的。像大多数材料一样，岩石受热时会膨胀。如果一个地区的岩石圈温度异常高，它的扩张可以使地表上升，形成山脉或高原。

当然，大多数山脉是由地壳构造活动塑造的。世界上最高的山脉是由两个构造板块碰撞时形成的褶皱山脉组成的。有时候褶皱会导致平行的岩层带的形成：抵抗力较弱的岩石风化得更快，形成山谷，而坚硬的结晶岩石则保留下来，形成高峰。例如，喜马拉雅山脉就是结晶岩石的遗迹，这些岩石在地壳深处凝固，然后通过褶皱作用被推到地表。世界上 40 座最高的山峰中有三分之二位于喜马拉雅山脉，其中包括海拔 8849 米的珠穆朗玛峰，它是地球上的最高点。

在其他板块褶皱的例子中，当板块碰撞时，更轻、浮力更大的板块上升到密度更大的板块上方，并刮离下降板块的前缘。最终，陆壳物质堆积在上面的板块上。当地壳向前犁的时候，它会挤压被刮下来的物质，使其褶皱成山。

构造活动也可以塑造块状山脉或地垒，这是当构造断层一侧的物质相对于另一侧上升时形成的。地壳下部块体称为地堑（或半地堑，取决于其构造）。一些断块山由两个断层之间的隆起块体组成，而另一些则是倾斜的块体，一边隆起，另一边下沉。断块山脉通常形成于大陆内部，远离碰撞带或俯冲带。在这些山脉的边缘，沉积岩通常倾斜 90°。如果这些岩石能抵抗侵蚀，它们就能形成与山脉平行的狭窄的、有尖顶的山脊，被称为猪背岭。

由于大部分山脉形成于两个板块的会聚处，且会聚带与其他板块的边界相交，因此世界上许多山脉连在一起，形成了两个非常长的山系带。环太平洋山系带环绕太平洋盆地的大部分地区，而阿尔卑斯－喜马拉雅山系带则从摩洛哥出发，依次穿过欧洲、土耳其、伊朗、喜马拉雅山，到达东南亚。这两大山系带之外的山脉多为残迹，形成于数亿年前的古代

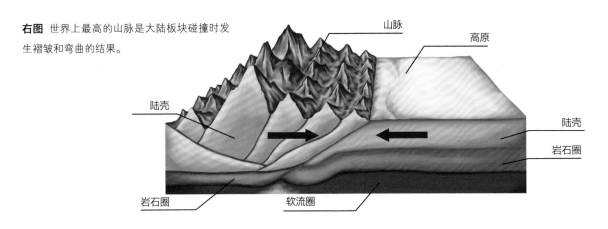

右图 世界上最高的山脉是大陆板块碰撞时发生褶皱和弯曲的结果。

山脉

高原

陆壳

陆壳

岩石圈

岩石圈

软流圈

上图 喜马拉雅山脉拥有地球上的许多高峰，其中包括最高的珠穆朗玛峰，还有 110 多座海拔高于 7350 米的山峰。图中这座东西绵延 2450 千米的山脉是由印度板块向欧亚板块俯冲而形成的。

下图 山脉可以根据它们的形成原因分类。

大陆碰撞或非构造过程中。

　　海拔每升高 1000 米，山区的气温就会下降 9.8℃。与山脉有关的温度梯度能够影响到生态系统：高山往往有由适应特定气候的群落组成的生态带，这种生态带系列被称为垂直带谱。

　　高山会阻断气流，从而对天气模式产生显著影响，通常会导致雨影效应，即沿海山脉向陆侧比向海侧干燥。从山上流下的水滋养着世界上大部分的河流，全球超过一半的人口依靠山川获取水源。

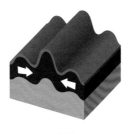

褶皱山

板块碰撞时形成

圆顶山

岩浆上升并把岩层上推时形成

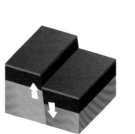

断块山

一个块体相对于其他块体向下运动时形成

火山

岩浆喷出使地壳变厚时形成

// 岛屿

从荒芜的岩石露头到巨大的"迷你大陆"，岛屿有许多不同的形式。

左图 在海平面上升并淹没英吉利海峡之前，不列颠群岛是欧洲大陆的一部分。

大多数海洋岛起源于火山（在构造力将海床抬高到海平面以上时形成的岛屿除外）。当海底火山喷发时，熔岩聚集在海床上，缓慢地堆积，直到最终升出海面形成岛屿。在夏威夷，这样的熔岩堆高达 9700 米。火山海洋岛通常形成于地幔热点之上。当海洋板块移过热点时，可能会形成岛链。随着时间的推移，这些古老的岛屿最终会再次沉入海底，变成平顶海山（见第 98 页）。海洋岛也可以在板块交界处形成：在裂谷带，分散的构造板块被拉开，岩浆冲上来填补空隙；在俯冲带，一个构造板块在另一个板块下面滑动，形成岛弧。

这些海洋岛的生物群落可能十分有限，多为植物、海鸟和昆虫。虽然海岛上植被通常很丰富，但植物物种的多样性却很低。隔离会导致异常的外形进化，巨人症和侏儒症在海岛上都很常见。

障壁岛是平行于海岸线的狭长岛屿，通常有一处平静的潟湖在中间将之与大陆分开。大多数障壁岛的形成是由于洋流流速减缓、海床上的沙子和其他沉积物沉积。最终，这片沙洲从地表升起，变成一座岛屿。障壁岛往往是动态的，随着洋流的变化和风暴的发生，形状不断变化，甚至会完全消

岛屿是完全被水体包围的陆地——无论包围岛屿的水体是海洋、湖泊抑或河流。 面积非常小的岛屿被称为小岛、沙洲或礁岛。在河流中的岛屿是江心岛或者河心岛，恒河三角洲的沉积岛屿被称为泥沙岛。一组在地理或地质上相连的岛屿是群岛。

岛屿主要有两种类型：大陆岛和海洋岛。前者位于大陆架附近（见第 94 页），而后者可能远离陆地，位于开阔的洋盆中。较大的岛屿往往是大陆岛。

许多大陆岛的形成时间相对较晚，在目前的间冰期开始时，冰盖融化导致海平面上升，大陆岛随之形成。例如，在英吉利海峡海水泛滥之前，不列颠群岛是欧洲大陆的一部分。微型大陆岛是由一块陆壳与大陆分离而形成的。一些大陆岛很古老，是泛大陆分裂时形成的（见第 16 页）。其他的大陆岛则是由于侵蚀和风化切断了其与邻近大陆的联系而形成的。

岛屿和大陆

岛屿和大陆之间目前还没有确定的定义上的区别。格陵兰岛面积近 220 万平方千米，通常被认为是世界上最大的岛屿，而面积 770 万平方千米的澳大利亚被认为是最小的大陆。支持澳大利亚大陆地位的论据包括，澳大利亚是其大陆板块上最大的陆块，有自己独特的植物群、动物群和文化。然而，这些因素都不是决定性因素。

失。上次冰期结束时，海平面上升，海水淹没了沿海沙丘，从而形成了一些障壁岛。

潮汐岛是大陆岛，通过陆桥与大陆相连，低潮时暴露在外，高潮时淹没在水中。

珊瑚岛是由低矮、裸露的珊瑚礁组成的岛屿。有机物和无机物会在珊瑚上堆积，形成更坚固但仍然很小且低矮的沙质露头，称为珊瑚礁。环礁是一种特殊类型的珊瑚礁，当珊瑚礁环绕一座海洋岛生长，然后沉入海中时，便会在中心潟湖周围留下一圈珊瑚，形成环礁。珊瑚环礁的形成需要3000万年。

岛屿的大小以及在某些情况下岛屿的存在本身取决于海平面的高低。下降的海平面使更多的陆地露出水面，而上升的海平面可以导致岛屿缩小或完全消失。如今，海平面上升使许多低洼的珊瑚岛和依赖它们生存的生物群落面临着巨大的生存风险，例如暴风雨造成的更大破坏和侵蚀，并最终有可能淹没它们。

海底火山从海面上升起。

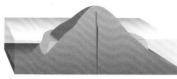
火山岛周围形成缘礁。

随着火山的消退，珊瑚礁残留下来，潟湖形成。

最终火山被淹没，留下环礁和潟湖。

上图 环礁的形成始于火山岛周围缘礁的生长。最终，中央岛屿下沉，留下中央潟湖周围的珊瑚环礁。

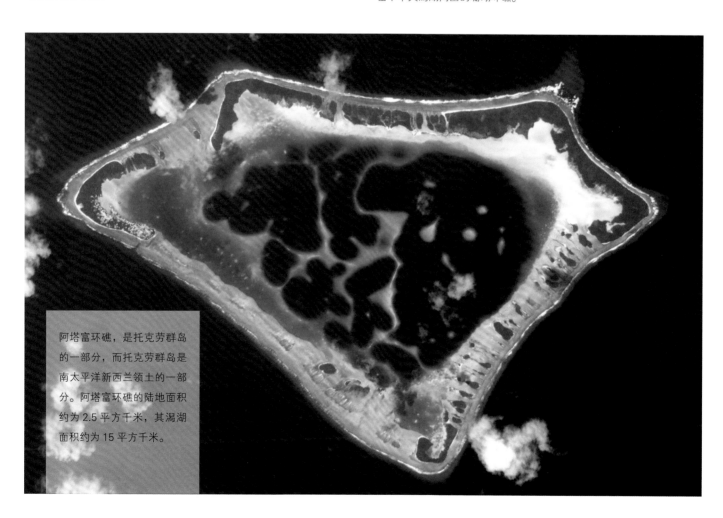

阿塔富环礁，是托克劳群岛的一部分，而托克劳群岛是南太平洋新西兰领土的一部分。阿塔富环礁的陆地面积约为 2.5 平方千米，其潟湖面积约为 15 平方千米。

// 河流

河流是自然流动的水流，是强大的动态景观，切割基岩并进入其中，有规律地改变流向。

小水流被称为溪流、溪水、小溪、小河、细沟等，但这些术语（包括河流）都没有严格的定义。

河流在重力的影响下向地势低处流动。它们始于一个或多个源头，通常是泉水，也可能是冰川或融雪区域，结束于一个（或多个）河口，通常流入大海。

河流的路径就是河道。在河流的上游，河流通常在狭窄的河道中流过陡峭的 V 型谷，当它们跌落悬崖时，会在浅水区和瀑布上方翻滚，形成急流。陡峭的斜坡使水流得很快，导致水流深深地切入下面的岩石和土壤。在岩石特别坚硬的地方，水流经常会改变方向，形成交错山嘴，一系列山脊交错排列在山谷两侧。

在坡度较小的中段，河流通常流经较宽较浅的山谷。河道开始变宽并且变深。随着河水不同程度地侵蚀河岸，河道形成大的弯道，最终形成马蹄形河曲，称为曲流，并逐渐向下游移动。曲流的形成是因为河水侵蚀和削弱了弯道外侧的河岸，同时泥沙在弯道内部沉积，那里的河流流速较慢。当曲流与主要河流断开时，会形成牛轭湖。

到达旅程的终点的时候，河流通常会流过宽阔而平坦的谷地和河漫滩（当河水泛滥时河流周围被淹没的区域）。此处的河道宽阔而幽深。

随着水流的流动，河流侵蚀掉河底的物质，把它们带到下游。恒河 - 布拉马普特拉河水系的输沙量约为每年 18 亿吨，为世界之最。

当坡度变得更加平缓时，河流流速降低，携带的大部分

下图 在从源头到海洋的旅程中，河流呈现出许多独有的特征。在陡峭的上游，河流流速很快，常常形成瀑布和急流；在缓和的斜坡中游，河流形成马蹄形河曲；在平坦的下游，河流可能形成河口或冲刷出三角洲。

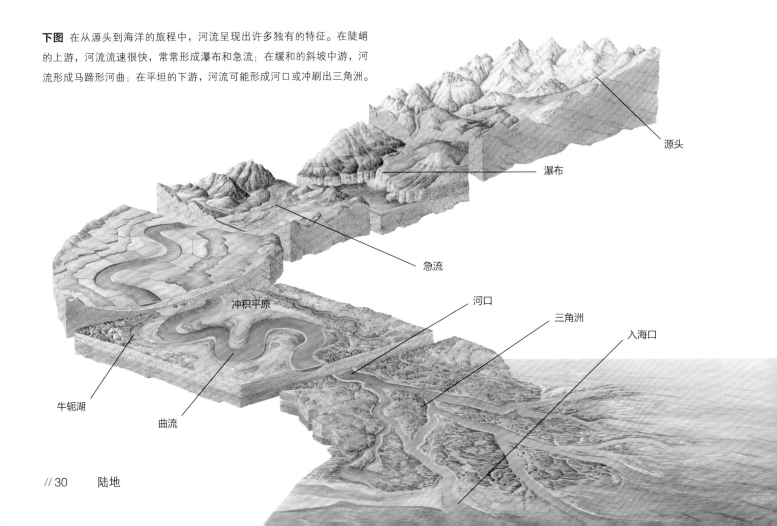

源头

瀑布

急流

河口

三角洲

入海口

冲积平原

牛轭湖

曲流

上图 亚马孙河拥有世界上最大的流域（约700万平方千米）和最大的流量（209000米³/秒或6591千米³/年）。

泥沙从悬浮状态下落，通常会导致三角洲形成并不断增长，并在河口形成多个分支（见第 36 页）。如果沉积物在沉积之前被冲走，河口处将形成一个单河道咸水河口（见第 38 页）。

在河流从源头到入海口的旅程中，较小的河流（称作支流）会汇入其中。有降水汇入河流的区域即河流的流域，或称汇水区。平均流量最大的河流是长约 6400 千米的亚马孙河，它每秒向大西洋排放约 209000 立方米的水。它还拥有最大的流域，面积约 700 万平方千米。

输往下游的总水量通常是地表水流和大量流经地下岩石和砾石的水流的组合，后者称为潜流带。对于流经大河谷的河流，潜流带的流量可能远大于地表可见流量。在喀斯特地区（见第 64 页），河流可能几乎完全位于地下，在溶洞的地下流动。

大多数河流可分为冲积河流、基岩河流或两者的混合河流。冲积河流流过沉积物形成的河道，基岩河流流过切割下伏岩石形成的河道。

陡坡的河流、含沙量高的河流和流量有规律变化的河流可能会分裂出多条河道，不断地分裂、重新汇合。这些被称为辫状河的河流可能会占据整个河谷谷底。

冰岛的一条辫状河。辫状河由相连的河道网络组成，河道之间由小的，通常是临时岛屿的岛屿分隔开。辫状河的含沙量往往很高。

// 峡谷

深邃、狭窄且陡峭的峡谷是水蚀力量的明证。

世界各地对峡谷有各种各样的称呼，包括冲沟、山峡以及山谷等；通常认为冲沟比峡谷更加陡峭、狭窄。流经峡谷的河流被称为嵌入河，因为它不会弯曲，也不会改变流向。

峡谷通常是由侵蚀和风化共同作用而形成的。当河流流动时，它们侵蚀掉河床的表层，慢慢地侵蚀掉松软的岩石，而较硬的岩层仍然作为悬崖耸立在河道两侧。在特别寒冷的时期，渗入新生峡谷岩壁裂缝的水会冻结并膨胀，扩大裂隙，最终导致岩石的薄片和块状物脱落，这种机制被称为寒冻楔裂。猛烈的暴风雨会加速这个过程，撕开松动的岩石。

有时候，构造活动引起的地质隆升对峡谷的形成起着重要作用。当地表上升形成高原时，任何流过高原的河流都会以瀑布的形式从高原边缘跌落。当瀑布侵蚀下面的岩层时，瀑布的位置就会向上游移动，留下一个峡谷。美国亚利桑那州大峡谷就是这样形成的。它是美国最大的峡谷，在科罗拉多高原隆起后的数百万年间形成。目前，大峡谷正以每200年0.3米的速度被侵蚀。

在喀斯特地区（见第64页），有时，洞穴系统坍塌时会形成峡谷。在英格兰北部约克郡谷地中发现的许多峡谷都是以这种方式形成的。

峡谷在干旱地区通常更常见，因为在那里侵蚀和风化作用往往更加集中。远山融雪滋养的快速流动的河流从岩石中流过，而周围地区则完好无损。通常情况下，峡谷形成于河流的上游，那里的水流通常流速更快、冲击力更强，加速了侵蚀的速度。

非常狭窄的峡谷通常有光滑的山壁，被称为狭缝型峡谷。它们的宽度可能不到1米，但深度可达数百米。它们通常是在周期性的急流冲入砂岩等软岩构成的高原时形成的。

头部三边有界的小峡谷被称为箱形峡谷。箱形峡谷通常形成于悬崖底部有泉水的地方。泉水渗入岩石，直至到达不透水层，然后向侧面扩散，侵蚀悬崖，使其坍塌形成峡谷。

世界上最深的一些峡谷被发现于喜马拉雅山脉，它们的最深处超过5000米。世界上已知最长的峡谷实际上隐藏在

美国亚利桑那州马蹄湾的日落。在经历了500万到600万年前的抬升之后，科罗拉多河（曾经是一条蜿蜒的河流，河漫滩几乎是平坦的）开始迅速切入下面的岩石，最终形成马蹄湾和附近的大峡谷。

格陵兰岛的冰层之下。它也被称为大峡谷，长约750千米。

陡峭的峡谷也可以穿过大陆架和大陆坡的海底。这种海底峡谷可能是河流峡谷的延续，也可能是携带沉积物的洋流和海底山体滑坡塑造的。有些海底峡谷的规模与美国的大峡谷近似。

// 瀑布

当河流流过，产生垂直落差时，就会形成瀑布。

通常情况下，瀑布见于河流中上游，其垂直落差出现在水流从硬岩流向软岩的地方。当较软的岩石被侵蚀掉时，只剩下坚硬的岩壁，水流就从上面落下。当河流接近瀑布时，其速度会加快，从而增大侵蚀的速度。下落的水流和沉积物随后侵蚀下方的跌水潭（瀑布底部的水池，水流入其中）。

构造活动也可能是瀑布的成因。当断层一侧的块体下沉或上升时，沿断层的位移会形成垂直落差。同样，构造隆起可以抬高一块土地，形成一片高原。任何流经高原的河流在离开高原时都会形成瀑布。

冰川运动也会导致瀑布形成并冲出深深的山谷，在陡峭的山谷两侧留下支流，这种山谷就是众所周知的悬谷。山体滑坡和熔岩流破坏河流与河床，以及喀斯特地区溶洞的形成和坍塌，也可能导致瀑布形成。

瀑布是动态的景观。由于流动的水和其中的沉积物不断侵蚀岩石，瀑布会"后退"。随着瀑布后面的岩石被磨损，

一个类似洞穴的结构形成，叫作悬岩。上面的岩石壁架被称为露头，它最终会坍塌，导致瀑布向上游移动，这一过程又重新开始。瀑布后退的速度可以达到每年 1.5 米，往往会导致下游形成一个陡峭的峡谷。位于加拿大和美国边境的尼亚加拉大瀑布已经从原来的位置后退了 11 千米。

瀑布可以有多种形式，例如从悬崖边缘落下的经典单流、从一连串石阶上下落的小瀑布、宽阔的瀑布中落下的块状瀑布，以及与下方岩石接触的马尾瀑布等。

安赫尔瀑布是世界上落差最大的瀑布，它的落差高达 979 米，以至于从安赫尔瀑布落下的水通常不会到达下面的河流：当气压大于瀑布的水压时，落水变成薄雾，并被风吹走。雾气形成的云称为瀑布云。

世界上流量最大的瀑布是位于老挝湄公河上的孔瀑布，估计流量为每秒 11600 立方米。

下图 瀑布的演变。水流过一层较硬岩石的边缘，在瀑布的底部形成一个瀑布池。随着时间的推移，瀑布后面较软的岩石逐渐磨损，形成了一个类似洞穴的结构，被称为悬岩。上面岩石的突出部分最终会坍塌，导致瀑布向上游移动，这一过程又重新开始。

右图 德天瀑布位于中越边境的归春河上，瀑布落差 70 余米。瀑布的多重层次反映了下面白云质灰岩基岩的不同层次，每一层的硬度都不同。

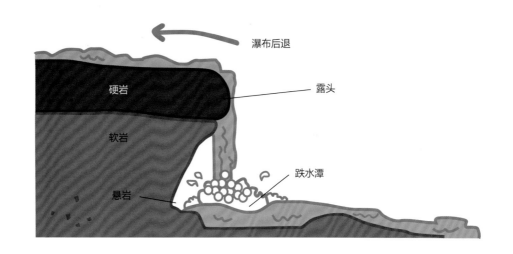

瀑布后退

硬岩

软岩

悬岩

露头

跌水潭

// 三角洲

当河流流入大海时，它们会卸下所携带的沉积物，使得肥沃的三角洲得以形成。

俄罗斯堪察加半岛上的阿瓦恰河三角洲。许多沉积物流入三角洲，然后流入太平洋，这些沉积物来源于半岛上为数众多的活火山。

当大河的河口沉积物沉积的速度比海水清除沉积物的速度快时，就会形成三角洲。河口周围的土地往往相对平坦，河岸相距较远。当河水接近下游时，它的流速大大减慢，导致它携带的大部分沉积物脱离悬浮状态。较重、较粗的沉积物首先沉积，然后是较细的沉积物，称为粉砂或冲积物。

如果沉积物没有被带走，它就会形成三角洲叶瓣。三角洲叶瓣迫使河流改变流向或者分裂出多条河道，这样会进一步减缓河流的流速。当一条新的河道形成（这个过程被称为"冲裂"）时，三角洲向侧面发展，形成独特的三角形，它得名于三角形的希腊文大写字母 Δ。一个成熟的三角洲叶瓣内有许多较小、较浅的河道（称为支流），它们从河流的主河道分出来。

三角洲还可以根据控制沉积物沉积的主导因素进行分类。在波控三角洲中，海浪使从河口流出的沉积物偏转，将其推向海岸，并可能导致三角洲向陆地后退。潮控三角洲通常形成于潮差较大且具有树枝状（分支）结构的地区，潮汐中的水流调节沉积物的沉积。河控三角洲形成于波浪能和潮汐能较低的地区，因此对水和沉积物的影响很小。吉尔伯特型三角洲地形更陡峭，形成于特别粗的沉积物沉积的河段，通常在沉积物流入湖泊时形成。当河流流入河口而不是直接流入海洋时，河口三角洲就会形成。

三角洲中营养丰富的沉积物的积累创造了富饶的环境，其中许多被人类开发为耕地。因此，三角洲在人类文明的发展中发挥了重要作用，支撑着多样化的生态系统。

根据形状，三角洲可以分为三种主要类型：扇形三角洲（例如埃及的尼罗河三角洲）；尖头状三角洲，即河口周围的陆地像箭一样向海中突出的地方，通常形成于河口波浪强度较大的时候（例如意大利的特韦雷河三角洲）；鸟足状三角洲，是河流分裂形成的，每条新河道都有一个向海中突出的三角洲（例如美国的密西西比河三角洲）。虽然海相三角

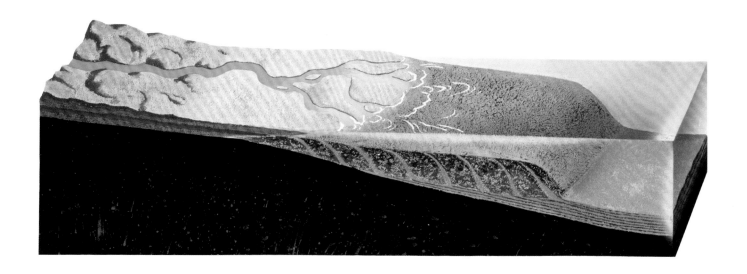

上图 三角洲的形成。当水流接近河口时，它的流速减慢，导致其携带的沉积物下沉到河床。如果沉积物没有被水冲走，就会一层一层地堆积起来，最终堵塞主河道，形成新的支流。随着这个过程的重复，三角洲逐渐沿河口成型。

洲是最著名的，但三角洲也可以在河流进入河口、湖泊甚至另一条河流的地方形成。

恒河和布拉马普特拉河（以及其他河流）流入孟加拉湾时形成的潮控三角洲是世界上最大的三角洲，面积超过105000平方千米。它横跨印度和孟加拉国，也是世界上最肥沃的地区之一；孟加拉国约三分之二的人口在三角洲河漫滩从事农业工作或在三角洲内从事渔业工作。

在极少数情况下，一条河流会形成一个内陆三角洲，在那里河流会将沉积物留在平原上。最著名的例子是博茨瓦纳野生生物资源丰富的奥卡万戈三角洲。在这里，奥卡万戈河在卡拉哈迪沙漠的平坦区域分散开来并蒸发。

在河流由人管理（通常是通过建造水坝来管理）的地方，河流的三角洲可能会因此受到威胁。例如，在埃及，20世纪60年代建造的阿斯旺大坝减少了尼罗河三角洲的洪水，导致尼罗河三角洲缩小，地中海海浪冲刷泥沙的速度比尼罗河更快，可以将其取代。

河流是否形成三角洲也取决于河口大陆架的大小和形状。如果大陆架特别狭窄，或者其中有一个巨大的峡谷，沉积物就无法堆积，也不会形成三角洲。

左图 博茨瓦纳的奥卡万戈三角洲是内陆河流三角洲。每年奥卡万戈河洪水泛滥时，奥卡万戈三角洲膨胀，面积增长到其永久面积的3倍。这些河水最终都会直接蒸发或被植物吸收后通过蒸腾作用蒸发，因此不会流入海洋。

// 入海河口

江河入海，形成入海河口，即淡水和咸水混合的高产水体。

入海河口实际上是一个半封闭的沿海水体，与大海自然相连，因此也可以称为水湾、潟湖、海湾、入海口或泥沼等。由于潮汐和河流会带来大量的淡水，入海河口的盐度会有很大的变化。因为淡水的密度比咸水小，所以它通常会分层，表面漂浮着明显的淡水层。在一个入海河口内，潮汐运动导致水位和盐度在短期内上升和下降，而季节变化在较长时期内具有同样的影响。

10000 ～ 12000 年前，随着地球进入间冰期，冰盖和

几内亚比绍海岸的一系列入海河口，包括热巴河河口。入海河口周围水体变色是由溶解的有机物和从陆地上带下来的沉积物导致的。

入海河口类型

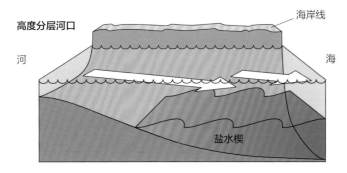

高度分层河口

海岸线

河　　　　　　　　　　　　　　　　海

盐水楔

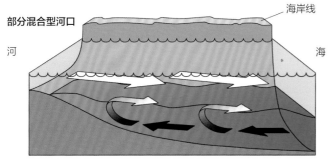

部分混合型河口

海岸线

河　　　　　　　　　　　　　　　　海

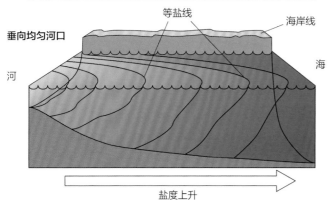

垂向均匀河口

等盐线

海岸线

河　　　　　　　　　　　　　　　　海

盐度上升

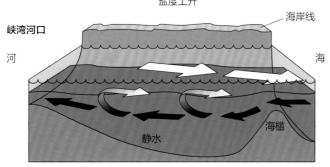

峡湾河口

海岸线

河　　　　　　　　　　　　　　　　海

静水　　　　　　　　　　　　海槛

冰川开始融化，海平面上升，世界上大多数的入海河口开始形成。

　　入海河口是世界上生产力最高的生态系统之一。它们养育出多种多样的物种，充当着许多鱼类物种的繁殖地和繁育

场，也是候鸟迁徙途中的停留地。淡水和咸水的混合，以及沉积物的涌入，是入海河口分出不同类型的原因。大约四分之三的商业渔场将河口用作育苗场。与入海河口有关的生态环境异彩纷呈，包括红树林、沼泽、海草床、牡蛎床和滩涂，都有助于提高生物多样性的水平。

　　流入淡水湖的河流也会形成河口；河水往往更加温暖，密度更小，与湖水有着不同的化学特性。与入海河口一样，这些地区充当了径流的自然过滤器，并为许多动物物种提供了繁育场。

　　虽然会受潮汐的影响，但是，入海河口一般也同样受到珊瑚礁、障壁岛和沙嘴等地貌的保护，免于海浪、风和风暴的全面冲击。这些地貌还可以帮助沼泽、红树林和其他生态环境维持稳定性，缓冲风暴，过滤流入海洋的水。

　　入海河口通常根据它们是如何形成的进行分类。入海河口可分为四种不同类型：海平面上升淹没河谷时形成的海滨平原河口（也称为溺湾）；在与构造活动有关的陆地运动中形成的构造河口；三角洲河口，由河流沉积物形成的沙嘴或者障壁岛将之与海隔开；以及峡湾河口，由冰川侵蚀形成的陡峭入海口。在温带地区，海滨平原河口最为常见，而在热带地区，三角洲河口是最常见的类型。

　　入海河口是早期人类定居的热门地点，世界上许多早期文明都是在入海河口周围发展起来的。如今，世界上大约三分之二的大城市坐落在入海河口上。入海河口也是水产养殖的重要场所，用于生产鲑鱼、对虾和贝类，如贻贝和牡蛎等。

　　在世界各地，入海河口正受到污染和过度捕捞的威胁。污染是一个突出问题，因为污染物往往会在河口堆积，农业、城市和工业径流汇入时，地下水中的污染物和船舶产生的污染物往往会加入其中。防洪和引水的问题同样不容小觑。肥料和污水的涌入会导致水体富营养化：过多的营养物质会导致藻类生长繁茂，然后腐烂，从而使水中的溶解氧消失，最终导致死水区的形成。

　　在一些地区，海平面上升还导致海水更深地侵入河口，甚至侵入河流本身，对生活在那里的生物造成潜在的负面影响。

// 冰期

地球会周期性地进入冰期，其时全球气温下降，冰川和冰盖散布在广大的陆地上，重塑地球的表面。

冰期可以持续数百万年甚至数千万年。在地球的历史上，至少有过五次主要的冰期。第一次发生在 20 多亿年前；最近的一次被称为第四纪冰期，开始于大约 260 万年前，一直持续到今天。

冰期与更温暖的时期交替出现，在温暖的时期，地球上所有的冰川和冰盖都会融化，即使在高纬度地区也是没有冰的。这就是间冰期。

冰期（气温下降、冰川和冰盖增多的时期）与间冰期交替出现（气温升高、冰川和冰盖退缩的时期）。最近的一次冰期，在大约 2 万年前达到顶峰，当时全球平均气温比现在低 5℃，有些地区甚至低 22℃。大约 1.1 万年前，一个温暖的间冰期开始了，被称为全新世。

冰期和间冰期往往发生在相当有规律的重复周期中，其时间在很大程度上取决于地球轨道的变化。这种被称为米兰科维奇循环的变化影响到达地球表面不同部分的太阳辐射量。在第四纪，冰期通常持续 7 万～10 万年，而间冰期则持续 1 万～2 万年。

冰期通常发展缓慢，但是结束得总是十分突然，间冰期也是如此。它们的终结可以由许多不同的现象触发，包括洋流模式和大气环流模式的变化，以及大气中二氧化碳含量的变化等。

世界各大洲的构造运动和随之而来的洋流变化是潜在的触发冰期的重大因素，特别是在从赤道到两极的暖流被阻断的时候。当前的冰期很可能是由南北美洲之间通道的关闭引发的，当时巴拿马地峡的形成阻止了大西洋和太平洋之间热带海水的交换，极大地改变了洋流和海洋热量的循环。

地球大气成分的变化也可以触发或结束冰期。例如，休伦冰期是已确定的最早的冰期，发生在 24 亿年前到 21 亿年前，被认为是大气中的甲烷（一种影响较大的温室气体）在大氧化事件期间被消除而引起的。同样，泥盆纪初期陆地植物的进化导致了二氧化碳水平的持续下降，从而引发了晚古生代大冰期（大约 3.4 亿年前）。火山喷发往往会释放大量的二氧化碳，因此可能会触发间冰期。

在冰期，南北两个半球的大陆冰盖和极地冰盖以及高山冰川的面积和体积都显著扩大。据推测，在 7.2 亿年前到 6.3 亿年前的成冰纪，冰川和冰盖已经到达赤道，塑造出了"地球雪球"。在这些时期，由于大量的水被冻结在冰帽中，海平面会下降。在末次冰期，冰盖厚达 4000 米，全球平均海平面比现在低了 120 米，这导致大陆架的暴露和陆地桥梁的形成，使动物能够穿越到在间冰期位于水下的区域。总的来说，当时的陆地面积比现在多了近 20%。

冰盖一旦开始形成，正反馈循环就会发挥作用，导致其增长走向失控，也就是说，真正的冰期将开始。例如，冰雪增加了地球的反照率，使太阳辐射被反射回太空，减少对太阳辐射的吸收，这导致气温下降，冰雪区域进一步扩张。

右图 一位艺术家假想中的末次冰盛期的地球，当时，巨大的冰盖深入了欧洲大陆。

// 冰川和冰帽

作为上一个冰期的遗迹，冰川和冰帽是缓慢移动的冰河，具有塑造景观的能力。

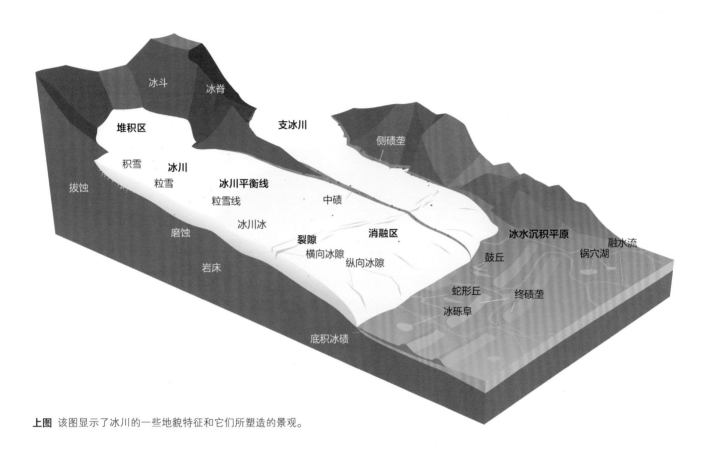

上图 该图显示了冰川的一些地貌特征和它们所塑造的景观。

冰川是由于自身重量而在陆地（通常沿着山谷）上缓慢移动的常年不化的大型冰体。不局限于山区而向四面八方移动的圆顶状冰川被称为冰帽。冰帽和冰川相互连接的区域被称为冰原。当一座山的山顶从冰面上升起时，它被称为冰缘岛峰。冰川可以小到一个足球场大小，也可以长达数百千米。覆盖面积大于 50000 平方千米的大型冰体被称为冰盖（见第 44 页）。

冰帽和冰川形成时，降雪积累到一定程度，压缩成冰。新落下的雪蒸发、凝结、融化、冻结在一起，形成与糖的晶体大小和形状相似的颗粒。如果这些雪在融雪季节之后仍存在，它们就被称为粒雪。

随着降雪越来越多，积雪层层积累，它们的重量进一步压缩下面的冰，挤出空气，致使冰的密度变大。最终，冰层变得非常厚，以至于它的重量使得粒雪融合成坚实的冰体。

接着，冰体开始在自身重力的作用下移动。

降雪变成冰的速度和深度取决于周围环境的温度。在温暖、潮湿的环境中，它可能需要 3～4 年时间，埋深不到 10 米，而在较寒冷的环境中，它可能需要几千年时间，埋深约为 150 米。虽然这看起来有悖常理，但之所以这样，是因为在温暖、潮湿的环境中，会有更多的雪落下然后融化，所以雪花变成冰的速度相对较快。在较寒冷的环境中，雪融化的可能性更小，因此，变成冰的过程主要是由于压缩作用，压缩需要大量积雪所提供的重量来完成。

简单地说，冰川在重力的作用下移动，它们的重量使它们向下移动，但是我们对冰川移动的实际过程了解甚少。一般来说，冰川移动非常缓慢，大约每天移动 25 厘米，但有时它们会"涌动"，每天向前移动几米，持续数周甚至数月，然后回到以前的缓慢移动状态。

由于冰川底部和地面之间的摩擦，冰川表面的冰比底部的冰移动得更快。有时会有一层薄薄的水把冰川底部和地面分开，这样可以减少摩擦，从而使冰川移动得更快。冰川下的融水可以形成辫状河，在冰川前部排出。来自上覆冰层的压力有时会迫使辫状河向上流。

最终延伸进海洋的冰川被称为潮水冰川。它们往往是由潮水冻结而成的。它们往往移动得相对较快——速度接近山谷冰川奔腾的速度。

降雪（积累）使冰川增大，而冰雪融化和冰山崩解（消融）则使冰川减少。这两个过程之间的差值被称为冰川物质平衡，如果这个数值是正的，积累大于消融，冰川就会增长（前进）；如果数值为负，冰川就会缩小（后退）。积累区和消融区之间的边界称为冰川平衡线。

目前，冰川面积约占全球陆地总面积的10%。冰川几乎出现在地球的所有纬度带。大多数冰川位于极地，但在赤道或其附近也有高海拔的冰川。冰川和冰帽锁住了全球约70%的淡水。据估计，如果目前所有现存的冰川都融化，海平面将上升约70米。

斯维纳山冰川是从冰岛的瓦特纳冰原注出的约30个注出冰川之一，也是欧洲体积最大的冰川。

// 冰盖

冰盖也被称为大陆冰川，是覆盖面积超过50000平方千米的冰川冰。

目前，现存的冰盖仅存在于南极洲和格陵兰岛，但是在末次冰期，北美洲大部分地区被劳伦冰盖覆盖，威赫塞尔冰盖覆盖了北欧，南美洲南部被巴塔哥尼亚冰盖覆盖。如今的两大冰盖的冰量加起来约占全球冰川冰的99%，仅南极冰盖就占据了91%。

南极冰盖面积近1400万平方千米，是迄今为止地球上最大的单块冰，包含2500多万立方千米的冰，平均厚度约2450米——如果完全融化，足以使全球平均海平面上升58

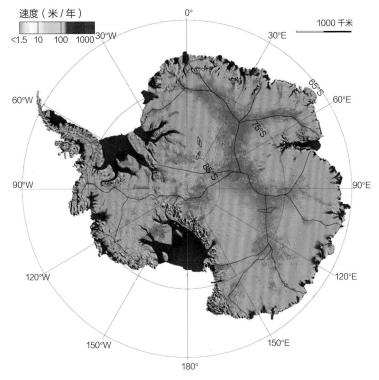

上图 南极冰流的速度和方向图。黑色的线条显示了冰盖以及大陆内部的冰下湖的主要分界线。冰在中部地区缓慢移动，当它到达海岸时加速，因为它会流入注出冰川，然后流向浮动冰架。

米。它被横贯南极的山脉一分为二。较大的东南极冰盖位于一块主要的陆地上，覆盖面积约1020万平方千米，拥有地球上最厚的冰，厚度达4800米。西南极冰盖的部分冰体低于海平面2500多米。它有两个大型冰架，两个冰架的面积都超过了50万平方千米。

格陵兰冰盖面积约为170万平方千米，约占格陵兰岛面积的80%，总体积约为300万立方千米。它形似狭长的穹

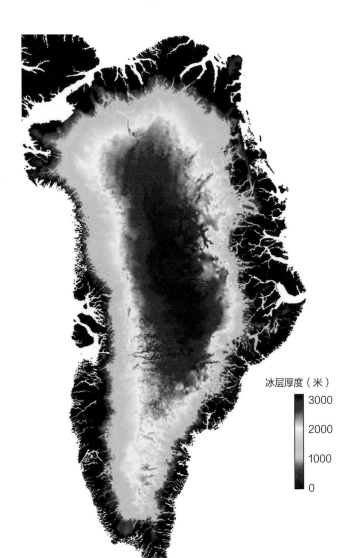

左图 格陵兰岛冰层的厚度。格陵兰冰盖是全球第二大冰体，覆盖面积达170万平方千米，约占格陵兰岛面积的80%。该冰盖在其最厚点的厚度超过了3千米，因为其重量，格陵兰岛中心的基岩几乎被压到了海平面。

上图 被称为冰原岛峰的山峰矗立于格陵兰冰盖的表面。

顶或有两座山峰的山脊，其中一座山峰高约 3300 米。如果格陵兰冰盖完全融化，全球平均海平面将上升 7.2 米。

在格陵兰岛内部的大部分地区，基岩的表面接近海平面，但是岛屿周围有一圈山脉，大范围限制了冰盖的移动，使其不能形成大型冰架。相反，在冰山崩裂并进入海洋之前，被称为"注出冰川"的冰舌从山脉之间的山谷中流出。在它的终点（其中一个是雅各布港冰川）以每天 22 米的速度移动。

如同冰川一样，冰盖也在不断运动，在自身重量的作用下缓慢下移。在冰盖内部，冰层移动非常缓慢，每年几厘米或几米，因为表面坡度很小，冰层非常寒冷。移向冰盖边缘的冰层速度加快，最终达到每年 1000 米的速度。

一般来说，冰盖的冰是从中心向外移动的。然而，在冰盖的边缘，冰层更薄，可能在下面地形的作用下形成注出冰川。

地热以及移动的冰层和基岩之间的摩擦导致冰盖的基底受热融化。融化的冰水润滑着冰盖，使其更容易移动，形成快速流动的冰流。

和山谷冰川一样，冰盖依靠新积雪的积累来抵消冰川边缘的损失，并保持稳定的质量。它们主要通过表面融化、蒸发、风蚀（吹蚀）、冰山在冰架底部因海水作用崩解和融化而失去质量。全球气候变暖大大加快了格陵兰冰盖的融化速度；据估计，目前格陵兰每天融化的冰量约为 80 亿吨。

南极洲的情况更为复杂。在一些地区，主要是内陆地区，由于大雪的缘故，冰的厚度增加了。然而，这种增长与冰川边缘附近的冰量减少相比实在相形见绌，因为海洋变暖导致冰架从底部开始融化。自 20 世纪 90 年代中期以来，南极冰盖已经损失了近 44000 亿吨冰。虽然这不会直接导致海平面上升，因为冰架本就漂浮在海洋中，取代了海水，但冰架减缓了冰从大陆流入海洋的速度，因此冰架的流失可能会加速其他冰的流失。总的来说，南极冰盖正在以每年 1180 亿吨的速度融化。

// 冰川地貌

冰川移动的强大力量塑造了整个地球的景观。

冰川地貌有两种类型：一种是沉积形成的，另一种是侵蚀形成的。

在大多数温带冰川的底部有一层岩石碎屑。它可能有几厘米到几米厚。冰川从基岩中采集物质的过程被称为冰川拔蚀。这些物质可以是从淤泥到巨石的大小不一的物质，它们在冰川的移动过程中擦过下面的基岩，可能侵蚀掉数十米厚的岩层，并将地貌塑造成特有的外形。

较为细微的侵蚀相关特征，会根据被拖过基岩的物质的大小而变化。像岩粉这样的精细物质可以抛光石头，而较大的岩石会在基岩上留下又长又深的擦痕。

在山谷冰川的上游，侵蚀通常大于沉积，但在更靠近其终点或谷口（冰川的下坡端）的地方，沉积大于侵蚀。因此，冰川山脉的高地以侵蚀地貌为主。险峻的山峰、陡峭的峡谷、湖泊飞瀑等高山地貌多是前期冰川作用的产物。

大多数冰川谷的顶部呈圆环状，如同一个面向山谷的半圆形露天剧场。冰斗顶部的悬崖被称为斗壁。冰斗底部往往形成一个盆地，可能还有一个冰川湖。在两个冰斗或相邻的

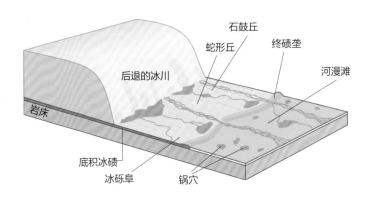

上图 当冰川消退后，它们留下一系列沉积地貌，可能包括冰碛、冰砾阜、石鼓丘、蛇形丘以及锅穴。

平行山谷之间，可能有锯齿状的、刀刃状的山脊，被称为刃岭；在刃岭上，低矮的鞍部被称为它的山口。在几个冰斗邻接的地方，可能会留下一个陡峭尖锐的山峰，被称为角峰。

由于冰川与谷底的大片区域接触并且威力巨大，冰川侵蚀的区域往往比河流侵蚀大得多，毕竟河流只会沿着山谷的最低部分磨损出一条狭窄的线。因此，河流往往塑造出 V 型山谷，而冰川谷则为 U 型谷，底部较宽且平坦，壁较陡峭。当周围的物质被磨损掉时，留下的基岩丘陵被称为羊岩或石鼓丘。

大型高山冰川通常由较小的支流冰川供给水源。前者倾向于凿刻出更深的山谷，当冰川消退时，支流谷的底部会留在主谷的壁上。这些被称为悬谷的地貌中，往往会出现瀑布。冰川塑造的沿海山谷被上升的海浪淹没，从而形成峡湾。

在悬崖的裂缝中形成的冰，会导致大块的岩石脱落，这个过程被称为冻融风化。这个过程在悬崖底部留下的成堆的岩石被称为坡积物。有时候，如果有足够多的水在坡积物周围结成冰，它们就会开始向下移动，形成石冰川。

当一条河流沿着冰川的上表面流下时，它可以在冰川两

下图 当山谷冰川向下移动时，摩擦使底部的冰融化成水。这些水渗入基岩的裂隙。当它们再次冻结时，体积膨胀，导致岩石碎屑脱落并被困在冰川中，这个过程被称为拔蚀。当岩石碎屑被拖过基岩时，岩石碎屑会凿出擦痕并磨损突起的基岩，这个过程被称为磨蚀。

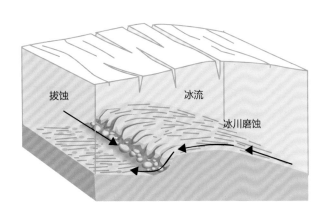

侧留下冰封的河道。如果冰川后撤，由河流沉积下来的沉积物留下蜿蜒陡峭的山脊，高达 20～30 米，长可达数百千米，被称为蛇形丘。

在冰川的下游，温度通常比上游高，可能会发生明显的融化。水在冰川下面、冰川内部或冰川旁边的沟渠中流动，通常带有沉积物和其他碎屑。在终点，冰川携带的物质随着周围冰的融化而沉积下来，在终点形成岩石或者泥土覆盖层。由冰直接沉积的岩石碎屑被称为冰碛土；冰川融水河带来的

沉积物往往在冰川终点下游的湖泊中堆积，被称为冰水沉积物。冰碛土常在冰碛中堆积——山脊高数百米，宽数百米。与基岩类型不同的巨砾被称为漂砾。

冰碛土也可以沿着冰川移动的方向排列成鼓状、细长的小山丘。它们可以大量出现在石鼓丘。冰碛土也可能沉积在形状不规则的山丘上，被称为冰砾阜。

下图 加拿大艾伯塔省路易丝湖附近的冰碛。

// 湖泊

湖泊遍布世界各地，从沙漠到苔原，在每一片大陆上和每一种环境中。

湖泊是完全被陆地包围的水体，与河流等水源分隔开。世界上大部分的湖泊是淡水湖，位于北半球高纬度地区的美国阿拉斯加州就拥有超过 300 万个湖泊，总面积超过 80000 平方米。小型湖泊通常被称为池塘，但是"池塘"并未成为一个公认的术语。

大多数湖泊由河流补给，通常有至少一个天然排水口，能够排出多余的水，因此，即使随着时间的推移，湖泊的水位仍然大致保持不变。所有淡水湖都属于这种开放型湖泊。封闭型湖泊没有天然排水口，仅通过蒸发、地下渗透等过程排水，被称为内陆湖，其中的湖水通常是咸水（见第 50 页）。

湖泊通常根据形成原因分类，有 11 种主要类型：构造湖、火山湖（占据火山作用形成的洼地）、堰塞湖（由山崩等地质现象产生的碎屑阻断河流流动而形成，这类湖泊的寿命相对较短）、冰川湖、喀斯特湖（通常在喀斯特地区的基岩溶

上图 该湖位于印度尼西亚爪哇岛东部活跃的卡瓦伊真火山上，是世界上酸性最强的火山口湖。湖面宽 1000 米，呈青绿色，是金属溶解在 pH 值低至 0.5 的酸性水中的结果。

解后形成）、河成湖（由流水作用形成）、风成湖（通常在干旱环境中形成）、海成湖（通常在河口堵塞或沙嘴形成后形成）、有机湖（由植物或海狸等动物的有机残骸组成）、人工湖和陨石湖。牛轭湖是一种河成湖，当沉积物沉积导致新月形河道与主河道切断的时候形成（见第 30 页）。

世界上大部分的湖泊，尤其是北半球的湖泊，是在大约 18000 年前的末次冰期形成的。随着冰川和冰盖在大地上移动，它们凿刻出了各种大小的盆地；当冰川和冰盖撤退后，雨水和融水充满盆地。冰川沉积物也通过在河流周围筑坝而致使湖泊形成。北美五大湖是由冰川作用形成的。

下图 湖泊通常是按照它们的形成原因来分类的。

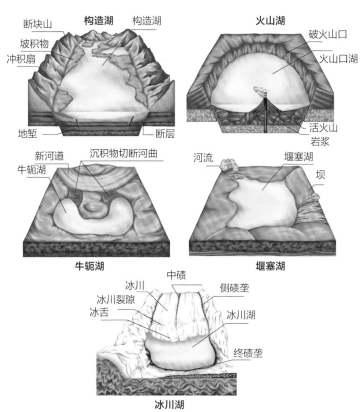

构造湖　火山湖

断块山　构造湖　　破火山口
坡积物　　　　　　火山口湖
冲积扇

地堑　断层　　　　　活火山
　　　　　　　　　　岩浆

牛轭湖　堰塞湖

新河道　沉积物切断河曲　河流　堰塞湖
牛轭湖　　　　　　　　　　　　坝

牛轭湖　堰塞湖

冰川湖

冰川　中碛　侧碛垄
冰川裂隙
冰舌　　　　　冰川湖

终碛垄

冰川湖

深约 2000 米的俄罗斯贝加尔湖是世界上最深的湖。它也是世界上最古老的（约 2500 万年）和体积最大的（23600 立方千米）淡水湖。再举一例，里海也属于构造湖，里海是世界上面积最大的湖，面积超过 37 万方千米。

所有湖泊的寿命都是有限的。经过数百或数千年，它们充满沉积物并开始收缩，慢慢变成沼泽（见第 78 页），此时它们变干燥的速度减慢。最终，它们会变成旱地。

间歇性、短暂性或季节性湖泊会季节性消失。这种现象通常在喀斯特地区出现，一般来说，这类湖泊只在降水量高于平均水平后才会被填满。

较大的湖泊往往在热力作用下分层。这种分层的原因之一是水的温度和密度之间的关系密切：在海平面，淡水在 4℃时密度最大（这就是为什么结冰的湖泊底部通常有液态水，使鱼类能够越冬）。这种冷却的、致密的底部水层叫作湖下层。在湖泊表面，太阳加热水，形成一个密度较小的顶部水层，称为湖上层。中间层（变温层）在顶层和底层之间形成温跃层。季节的变化可以导致这些水层混合，这个过程被称为对流。在冬季，湖上层可能比湖下层温度更低，甚至可能结冰。

俄罗斯的贝加尔湖是世界上最深、最古老的湖，也是体积最大的淡水湖。它位于板块边界，约 2500 万年前，当板块分离，裂谷断开时形成。

盐湖和盐田

当湖泊缺乏排水口时，湖中的盐分就会积累，最终会变得比海洋还要咸。盐湖被界定为每升水含盐量超过3克的内陆湖泊，在包括南极洲在内的世界各大洲都有盐湖分布，通常位于干旱和半干旱地区。那些盐浓度高于海水的湖泊被称为高盐湖。

含有高浓度碳酸盐和碳酸氢盐的盐湖叫作碱湖。它们分布在东非大裂谷和南美洲高原上的火山口。这两个地区的碱湖中都栖息着大群的火烈鸟。

一般来说，盐湖形成于内陆盆地，也就是没有排水口的盆地。水随河流、融雪汇入，但只有通过蒸发才会流失。

当湖水蒸发时，流入湖中的溶解的盐分就会留下来，随着时间的推移，这些盐分会不断累积，使得湖水变得越来越咸。在某些情况下，当曾经与海洋相连的水体变成内陆时，就会形成盐湖。

人类活动也可能导致湖泊盐碱化。河流改道灌溉导致中亚咸海大幅萎缩，盐度上升，同样导致湖泊生物多样性急剧下降，使当地渔业崩溃。

大约45%的内陆湖泊是盐湖。世界上面积最大的湖泊里海和海拔最低的湖泊死海都是盐湖。世界上许多海拔较高的湖泊，包括南美洲高原上的湖泊，也是盐湖。南极洲麦克默多干谷的唐胡安池的盐度估计超过40%。唐胡安池的盐度十分之高，以至于湖泊的冰点约为－52℃。

盐湖及其周围的高盐环境限制了生物的种类，很多生物无法生活在盐湖中，甚至无法生活在盐湖附近，因此盐湖区域的生物多样性通常较低。

下图 坦桑尼亚的纳特龙湖是充满了腐蚀性的强碱性盐水的苏打湖。湖中高浓度的天然碳酸钠和天然碱是周围基岩（由含有大量碳酸盐的碱性熔岩组成）风化的结果。

死海，位于世界上陆地海拔最低的约旦裂谷。它是世界上盐度最高的水体之一，平均盐度约为30%。

世界上最大的盐田玻利维亚乌尤尼盐沼地表的六边形盐层沉积。盐结壳有几米厚，覆盖着一层富含锂的卤水。

盐田

当盐湖的蒸发速度超过水汇入的速度时，湖泊会收缩并最终完全干涸，形成盐田，也被称为盐滩或干盐湖。盐田表面的盐晶和其他矿物质层常常会使盐田变白。许多盐田充当着季节性湖泊，通常是在湖泊流域某处发生重大风暴之后，周期性地被注满水。

世界上最大的盐田是位于玻利维亚安第斯山脉的乌尤尼盐沼，占地10852平方千米。盐沼中含有很多有价值的矿物质，包括钠、钾、锂和镁等，它们支撑起当地利润丰厚的采矿业。

盐沼中盐的含量可能是相当可观的；美国犹他州的邦纳维尔盐沼中心厚1.5米，含盐量约为1.47亿吨。

// 内陆海

当海平面上升时，咸水可能流入大陆内部，形成浅而广阔的内陆水体，称为内陆海。内陆海仍然通过一个或多个海峡与大洋或毗邻的海相连。

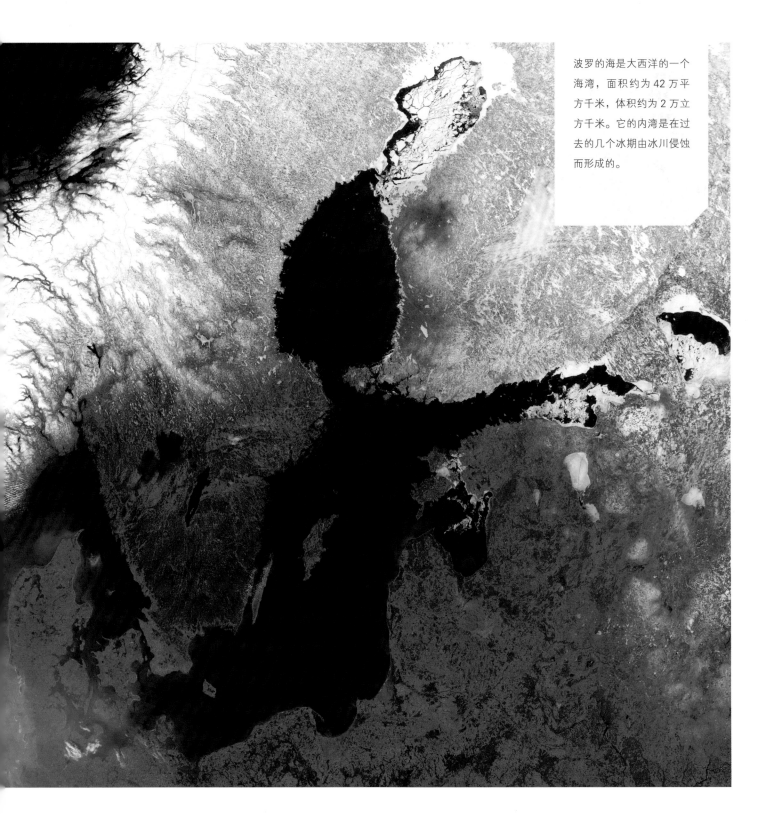

波罗的海是大西洋的一个海湾，面积约为 42 万平方千米，体积约为 2 万立方千米。它的内湾是在过去的几个冰期由冰川侵蚀而形成的。

如今大陆海拔相对较高，海平面相对较低，因此真正的内陆海很少。目前的内陆海包括欧洲的波罗的海、北美洲的哈得孙湾和土耳其的马尔马拉海等。

内陆海在以前的时代更为常见，当时海平面通常比现在高得多。内陆海是地球大部分裸露沉积岩的沉积地，也是世界大部分化石和石油的产地。

在白垩纪时期，伊罗曼加海覆盖了澳大利亚东部的大部分地区，西部内陆海道从墨西哥湾一直延伸到如今的加拿大。其后，在渐新世和早中新世时期，海水淹没了南美洲巴塔哥尼亚的大部分地区，可能一度将太平洋和大西洋连接起来了。在白垩纪，现代法国北部和德国北部的低平原也被内陆海淹没，其中沉积了白垩，对应的地质年代就是以其命名的。

内陆海往往会受到邻近陆地的很大影响。例如，在波罗的海，九条河流流入大海，淡水强力稀释了表层咸水。这种影响使波罗的海成为世界上盐度最低的海。在其他情况下，由于内陆气候干燥，蒸发率较高，内陆海海水含盐量可能很高。

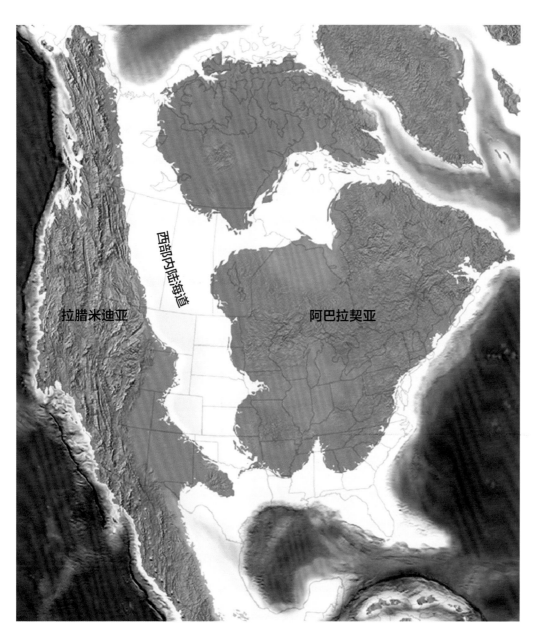

拉腊米迪亚

西部内陆海道

阿巴拉契亚

并非内陆海

尽管里海是世界上最大的内陆水体，盐度约为海水的三分之一，但确切地说，里海并不是内陆海，因为它缺乏与海洋的联系。和黑海一样，里海也是特提斯海的遗迹。大约550万年前，由于构造抬升和海平面下降的共同作用，里海逐渐被陆地包围。

左图 西部内陆海道是内陆海，将北美大陆分为两块大陆。它深达800米，宽达970千米，长达3200千米，存在于白垩纪中晚期和古近纪早期。

// 地下水和含水层

一个巨大的水库隐藏在地球表面之下，其中储存着大量的地下含水层（含水岩石）。

在地表可渗透的地区，水会渗透到土壤和岩石中，直到土壤和岩石饱和。饱和区的上表面称为潜水面。潜水面会根据降水量自然地上下移动。

潜水面以下饱和土壤和岩石中的水被称为地下水。地下水约占全球液态淡水的98%，提供了全世界至少一半的饮用水和40%以上的灌溉用水。

如果容纳地下水的物质很容易将这些水输送到井和泉中，就会被称含水层。含水层可以在许多不同类型的沉积物和岩石，包括砾石、砂岩、砾岩和破碎的石灰石等中形成。

虽然水在许多含水层中可以自由流动，但地下水并不像地下河或地下湖。含水层中的水保存在岩石和沉积物的孔隙和裂缝中，就像海绵中的水一样。水流在含水层内流动的速度取决于含水层的渗透性。在一些含水层，地下水一天移动几米；在另一些含水层，地下水一个世纪也只能移

大自流盆地

　　大自流盆地深达3000米，覆盖面积超过170万平方千米，大约占澳大利亚国土面积的五分之一。它是世界上最大和最深的自流盆地，估计含有64900立方千米的地下水。

动几厘米。

结构简单的水井，通过挖掘潜水面以下到含水层的岩土来发挥作用。挖通之后，水从水井周围的岩石和沉积物中渗出，进入井中，就像水填补了在沙滩上挖的洞一样。井中水面的高度慢慢变得与潜水面的高度相同。如果过多的地下水

下图 全球地下水资源分布图。

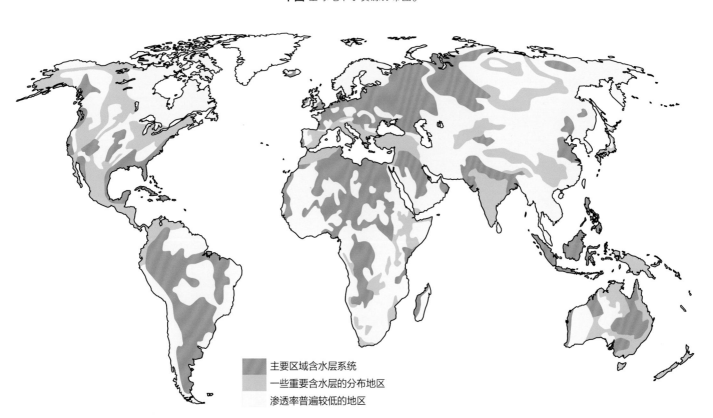

　主要区域含水层系统
　一些重要含水层的分布地区
　渗透率普遍较低的地区

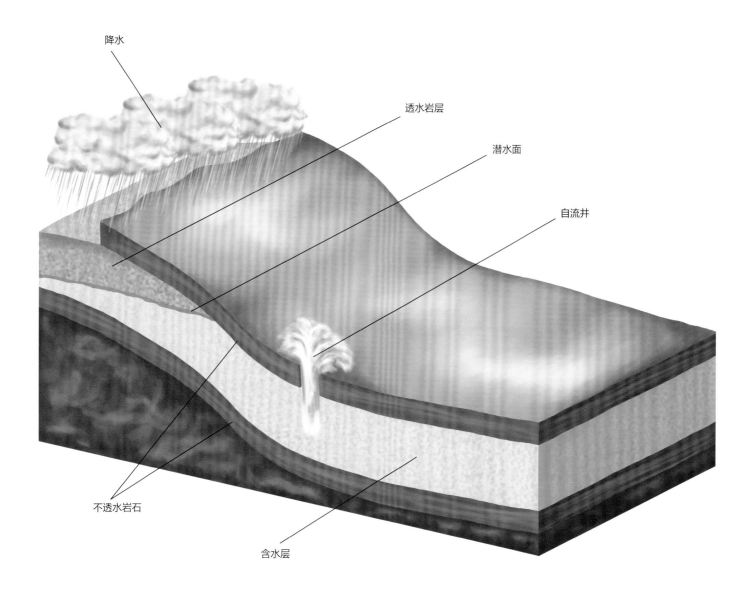

降水

透水岩层

潜水面

自流井

不透水岩石

含水层

上图 有时，组成含水层的多孔岩石夹在孔隙较少的岩层之间，这样的岩层就是承压含水层。如果这些岩层是倾斜的，水就会沿着斜线向下流过含水层，通常以泉水等形式出现在低洼的地面上。承压含水层中的水也会受到压力。如果在这种含水层中挖一口井，压力会把水推到地表，而不需要水泵来助力。这样就形成了自流井。

被抽到地表，潜水面就会下降到水井底部以下，导致水井"干涸"。

当从含水层中汲取水的速度快于降水补给的速度时，地下水就会枯竭。这可能导致上覆土地沉降。在美国佛罗里达州，过度开采草莓种植用水导致了数百个灰岩坑的出现，而在加利福尼亚州的圣华金谷，地下水位自20世纪20年代以来下降了8米。

淡水透镜体

在一些小的珊瑚或石灰岩岛屿和环礁上，有一个凸起的地下淡水层漂浮在密度较大的海水之上。这个淡水层被称为淡水透镜体。淡水透镜体是许多岛屿社区饮用水和农业用水的重要来源。由于支撑淡水透镜体的环礁的海拔往往只有几米，海平面上升使它们面临着被淹没的巨大风险。

// 岩石、矿物和宝石

地壳是由令人眼花缭乱的矿物组成的，这些矿物构成了我们周围的岩石，其中一些被人为赋予了很高的价值。

矿物是通过地质作用形成的天然物质。它们具有独特的化学成分和物理构造，通常具有晶体结构。世界上有超过2800种自然形成的矿物质，它们的组成成分既可以是纯元素和简单的盐，也可以是复杂的硅酸盐，这些硅酸盐以成千上万种不同的形式存在。

岩石是矿物的集合体。地壳由三种类型的岩石组成：火成岩（从熔融状态凝固的岩石）、沉积岩（由沉积层沉积而形成的岩石）和变质岩（在温度或压力的作用下从其他类型的岩石变化而来的岩石）。不同岩石类型之间的变化过程称为岩石循环。

变质作用有三种主要的类型：接触变质作用，岩浆侵入既有岩层，释放的热量使岩石重结晶并生成新的矿物；区域变质作用，这种作用发生在更广泛的区域，这些区域通常沿碰撞构造板块的边缘分布；动力变质作用，上覆岩石的重量导致深埋的沉积物发生了变化。接触变质作用通常局限于埋深较浅的岩层。

地壳由大约65%的火成岩、27%的变质岩和8%的沉积岩组成。火成岩可分为两种主要类型：深成岩（侵入岩），这类岩石是在岩浆冷却并在地壳内慢慢结晶时形成的（例如花岗岩）；火山岩（喷出岩），这类岩石是在岩浆冷却前以熔岩

下图 矿物的化学成分和结构不同，因此矿物有各种各样的形状和颜色。

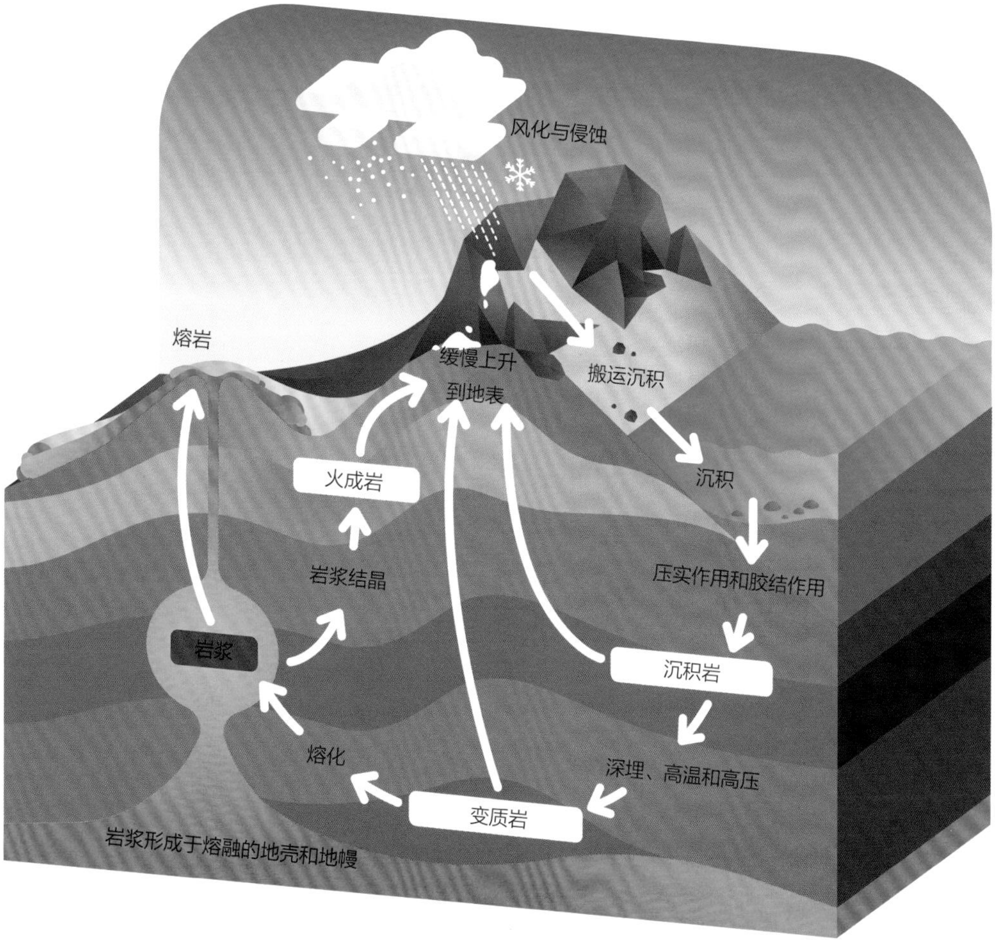

风化与侵蚀
熔岩
缓慢上升
到地表
搬运沉积
火成岩
沉积
岩浆结晶
压实作用和胶结作用
岩浆
沉积岩
熔化
深埋、高温和高压
变质岩
岩浆形成于熔融的地壳和地幔

上图 岩石循环。经过数百万年的时间，一系列的过程，如风化、侵蚀、沉积、压实、隆起和熔化，创造出地壳中的岩石，也使岩石发生了变化。

或火山灰的形式到达地表时形成的（例如玄武岩）。最常见的沉积岩是页岩（82%）、砂岩（12%）和石灰岩（6%）等。许多沉积岩中含有化石。

玄武岩是地球上最常见的火成岩（约占此类岩石的 90%，洋壳岩石中 99% 为玄武岩），在地球表面之下，被深埋的玄武岩比任何其他类型的岩石都更多。当富含镁和铁的熔岩迅速冷却并凝固时，玄武岩就形成了。陆壳岩石以花岗岩和类似岩石为主，被称为花岗岩类。

最常见的一类矿物是硅酸盐，它也是大多数岩石的主要成分，占地壳岩石的 95% 。硅酸盐是一种含有硅和氧的化合物，例如石英、云母和黏土矿物等。其他主要矿物类别有氧化物、硫化物、硫酸盐、碳酸盐和卤化物等。

宝石是由人类赋予价值的特殊矿物（或矿物组合，有时还包括有机物）。通常情况下，在经过切割和抛光之后，宝石会被用于制作珠宝和其他装饰品。

大多数宝石形成于地壳中，只有两种不同——钻石和橄榄石形成于地幔中极高的压力之下，大约在地表以下 150 千米。其后，在火山喷发期间（通过金伯利岩筒）或通过侵蚀作用、造山作用，成型的宝石被带到地表或接近地表处。

我们可以根据宝石的形成方式对其进行分类，共分为四种：火成宝石、热液宝石、变质宝石以及沉积宝石。岩浆凝固时会形成火成宝石。如果岩浆到达地表，它会凝固成熔岩，但是如果岩浆在地壳中冷却得较慢，它可以结晶并形成矿物。例如，当岩浆挤进岩石裂隙，然后慢慢凝固时，就会形成伟晶岩。伟晶岩包括黄玉、海蓝宝石和电气石等。热液宝石形成时，矿物在热水中超饱和，迫使岩浆在地壳的裂缝和孔隙中溶解、冷却，最后结晶形成矿物。热液作用形成的宝石有翡翠和紫水晶等。像变质岩一样，变质宝石是矿物受到高压和高温作用而形成的，通常是在俯冲带内形成的。大多数宝石都是这样形成的，例如玉石、青金石、红宝石、蓝宝石和石榴石等。当地表矿物溶解于水中，然后渗入孔隙和裂缝，在那里重结晶时，就形成了沉积宝石，例如蛋白石、绿松石、孔雀石和蓝铜矿等。

// 金属

在星体内部形成的金属，构成了地球的核心，也存在于地壳中零星的沉积物内。

金属是导电和导热性能相对较好的材料，是可锻铸（也就是说，它们可以被锤打成薄片），具有典型的延展性（它们可以被拉成电线）的晶体固体。元素周期表中的118种元素中有96种是金属（种数取决于金属的确切定义），按质量计算，大约25%的地壳是由金属构成的，其中大约80%是轻金属，如钠、镁和铝等。

金属的形成取决于金属元素中的原子量。元素周期表中的铁元素主要是通过一个叫作恒星原子核合成的过程形成的，在这个过程中，较轻的元素在恒星内部经过连续的聚变反应，形成原子序数较大的较重的元素。重金属大部分是通过中子俘获这一反应形成的，在这一反应中，较轻的元素受到恒星内部中子的轰击。

上图 石英和花岗岩中的自然金。当含有溶解的金和二氧化硅的过热水被挤压进地壳岩石裂缝，矿物结晶，形成含金的石英时，就形成了这样的矿床。

当恒星到达其寿命的尽头时，它们可能会喷射出一部分质量，爆炸并形成超新星，或者坍缩成极致密的中子星，然后与其他中子星相撞。这些过程中的每一个环节都为宇宙中发现的金属提供了来源。

含金属的物质中的一部分最终结合形成了地球。在地球形成的早期，熔融铁沉入地球的中心，带走了大部分的贵金属。现在存在于地壳和地幔中的陨石是后来陨石撞击地球的结果，撞击发生在地球形成2亿多年后，涉及约200亿吨

上图 一块富含铁元素的坎普德尔切洛铁陨石碎片，人们认为它是直径 4 米的陨石的一部分，大约在 4500 年前掉落到地球。

小行星物质。

大多数金属要么是亲石性的（喜欢岩石的），要么是亲硫性的（喜欢矿石的）。亲石金属，包括镁、铝和钛等，很容易与氧结合，并且主要存在于密度相对较小的硅酸盐矿物之中。 亲硫金属，包括铅、铜和银等，通常存在于硫化物矿物中。 含有亲硫金属的矿物比含有亲石金属的矿物密度更大，前者在地壳凝固之前沉入地壳更深处，因此它们现在在地表的含量往往较低。还有一些嗜铁金属，包括金、铂和铱等。这些金属在地壳中相对罕见，因为它们在地球形成过程中被拖入地核，它们在地壳中的沉积物是前文提及的陨石撞击的结果。

大多数金属在自然界中以矿石－岩石或含有一种或多种宝贵矿物的沉积物的形式存在。它们通常存在于非金属化合物中（通常是氧化物、硫化物或硅酸盐），但少数金属，如铜、金、铂和银等，不易与其他元素发生反应，因此常以相对纯净的状态存在。这些金属被称为自然金属。矿床总是与价值较小的岩石和矿物混合在一起，这些岩石和矿物被称为脉石。

矿体是由多种不同的地质作用共同塑造的，这些作用统称为矿床成因。矿床成因主要有三种类型：内生过程，即矿石因地质活动而累积的过程，例如矿石在火山喷发中被带到地表的过程；热液过程，即由于海水通过地壳裂缝循环，矿石在热液喷口周围积聚；外生过程，即矿石因地球表面发生的侵蚀等过程而累积的过程。矿石也可以成为陨石，因为陨石中的铁含量特别高。地球实际上包含有限数量的矿石，因为矿石形成极其缓慢，通常需要数百万年。

巴西南马托格罗索州科伦巴矿的传送带上运输着赤铁矿。赤铁矿是一种氧化铁，是地球表面和地壳上层储量最丰富的矿物之一。

// 碳氢化合物

在某些条件下，死亡时间已久的植物和动物的遗骸会被转化为富含能量的物质，称为碳氢化合物，即化石燃料、煤、石油和天然气的主要成分。

碳氢化合物是由碳和氢组成的有机化合物。碳氢化合物主要有五种类型：干酪根，一种蜡状有机物；沥青，由干酪根部分成熟或原油降解后产生，在地表温度下为固体；原油，由成千上万种不同的碳氢化合物组成的混合物，在地表温度下呈液态；天然气，可以是甲烷、乙烷、丙烷和丁烷中的一种，也可以是其中多种的混合物；凝析油，天然气和原油之间的过渡物质。

碳氢化合物是大量富含碳和氢的有机物聚集但不分解时形成的。这种情况可以以多种不同的方式发生，例如，死亡的海洋生物（通常是单细胞浮游植物和动物）沉积在海盆深处，那里的氧气浓度太低，生物遗骸无法分解；在河流三角洲，沉积物覆盖有机物的速度快于有机物分解的速度；或者在森林沼泽中，凋落的植被落入缺氧的水中。

由于细颗粒沉积物层层堆积在有机物的表面，沉积物自身的重量把有机物推到地表以下。推下去越深，温度就越高，每 100 米大约升高 3℃，压力和温度的逐渐升高导致有机物

下图 俄罗斯西伯利亚克麦罗沃州的一处露天煤矿。该矿位于库兹涅茨克盆地内，该盆地是世界上最大的产煤区之一，占地约 26000 平方千米，可开采储量超过 2700 亿吨。

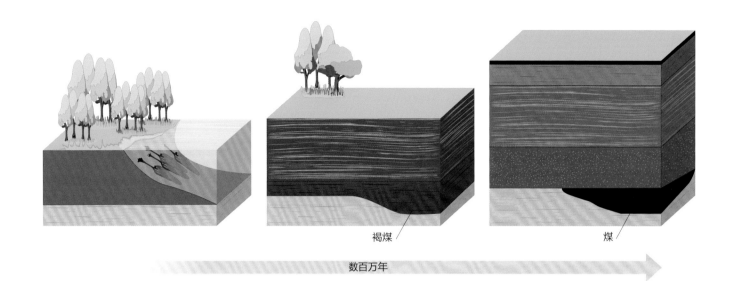

褐煤   煤

数百万年 →

上图 煤的形成。树木和其他植被落入沼泽，在那里缺氧的条件下缓慢分解。沉积物最终覆盖这种植物遗骸，经过数百万年，地热和来自上层沉积物的压力使植物遗骸转化为褐煤，然后依次是烟煤和无烟煤。

转化为碳氢化合物。因此，碳氢化合物几乎总是在沉积岩中形成。

在石油和天然气的形成过程中，这种转变的第一阶段是干酪根的形成。随着烃源岩中温度和压力的进一步升高，干酪根首先转化为石油，然后转化为天然气。根据有机物的数量和类型，碳氢化合物在 750 ～ 5000 米的深度和 60℃～ 150℃的温度下生成，这种环境被称为"生油窗"。在 150℃以上和大约 4000 米以下是"生气窗"。最大生烃深度为 2000 ～ 2900 米。

一旦这个成熟阶段结束，碳氢化合物就进入运移阶段，在这个阶段，它们从不透水的烃源岩进入多孔的储集岩，通常是砂岩或碳酸盐岩，如石灰岩。随着压力的增加，较轻的部分（油和气）被挤出并通过上覆岩石的断层和孔隙向上移动，直到它们被不透水层（盖层或封闭层）困在储集岩中。

煤炭是由史前植物的遗骸转化而来的，通常来自沼泽地区。当这些植物死亡后，它们的遗骸掉进水里，由于水中缺乏氧气而无法分解。这些植物的木质部分堆积起来，最终形成了泥炭。沉积物冲刷着泥炭，随着新的沉积层的累积，泥炭被压缩，其中的水分被挤出。随着温度和压力的升高，埋藏的泥炭先变成褐煤，然后变成烟煤，最后变成无烟煤。一般来说，煤层越深，煤的质量就越高，随着温度和压力的升高，剩余水分和其他化合物被排出，煤的硬度、密度、碳浓度和能量势也随之变大。虽然煤在大多数地质时期都有产出，但已知的煤层有 90% 是在石炭纪和二叠纪沉积的。

碳氢化合物含有丰富的能量，所以是很好的燃料。然而，这些化石燃料的燃烧会导致二氧化碳的释放，二氧化碳是导致全球气候变暖的主要温室气体之一。

天然气水合物

甲烷是微生物新陈代谢的产物，特别是消化过程的产物，也是有机物热分解的产物。一些地区的沉积物，特别是海洋沉积物，以及永久冻土和一些湖泊中的沉积物，处在低温高压的环境中，甲烷和周围的水结晶，形成一种类冰状化合物，称为天然气水合物。

// 土壤

土壤对地球上的生命来说至关重要。土壤多种多样，并且处于不断的变化之中。

土壤由四种成分组成：无机矿物质（占土壤体积的40%～45%）、有机质或腐殖质（约5%）、空气（约25%）和水（约25%）。它还包含重要的微生物群落——一茶匙肥沃的土壤中可能有多达10亿个的细菌。典型土壤中，固体物质只占一半，这一事实使得空气和水的渗透、运动与保持成为可能，而水和空气对于土壤中的生命都是至关重要的。

土壤矿物包括（粒径从最小到最大的）黏土、粉砂和砂。它们的相对比例决定了土壤的质地。土壤类型有很大的多样性，分类系统可能包括几千种类型。如果土壤中没有哪种粒径的矿物占主导地位，而是含有砂、淤泥和腐殖质的混合物，则称之为壤土。

土壤的形成，或者说成土作用，受母质、气候、地形、生物和时间五个主要因素的影响。土壤主要是风化和侵蚀的产物，侵蚀把基岩分解成越来越小的碎片。在北半球的大部分地区，侵蚀主要是末次冰期的冰川侵蚀。随着矿物和岩石的变化，养分流失，植物群落变化，土壤在不断地变化。土壤中最常见的矿物是石英。

土壤中的矿物可能直接来自下伏基岩的风化作用，也可能从其他地方，经风或水的搬运而来。风成沉积的沉积物被称为黄土。它们通常覆盖数百平方千米的地区，覆盖着一层厚厚的细颗粒物，并且往往会发育成为极其肥沃的土壤。然而，从地质角度来看，黄土并不稳定，容易被侵蚀。土壤中颗粒的大小在很大程度上决定了土壤保持水分的能力，黏土

右图 在土壤中发现的矿物颗粒按其粒径大小分类，从最小到最大，有三种类型：黏土、粉砂和砂。不同类型矿物颗粒的相对比例决定了土壤的质地。

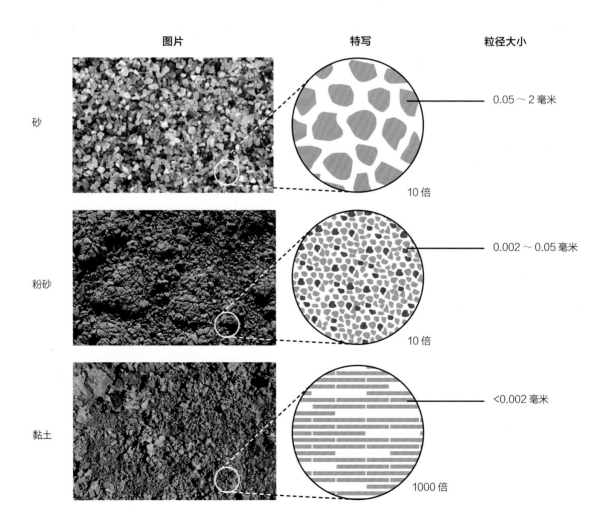

图片	特写	粒径大小
砂	10 倍	0.05 ～ 2 毫米
粉砂	10 倍	0.002 ～ 0.05 毫米
黏土	1000 倍	<0.002 毫米

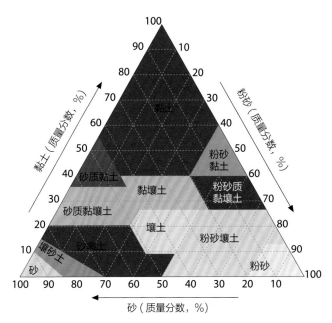

上图 土壤类型是由它们所包含的黏土、粉砂和砂的相对比例来确定的。那些没有单一的优势矿物颗粒的土壤被称为壤土。

和淤泥更能保持水分，在物理层面上通过毛细力固水。黏土中的毛细力是最强的，故而很难把水从黏土中抽走。因此，粉砂颗粒对植物来说是最好的。

腐殖质包括处于存活、死亡以及腐烂状态的微生物以及动植物。有机质的存在可以极大地提高土壤的保水能力，腐殖质在土壤中的质量占比是其是否宜农的最佳指标之一。腐殖质也是营养物质的重要来源。

土壤服务于生态系统，其作用不容小觑，包括养分循环、净化水，以及与大气交换气体。它们对于支持陆地生态系统至关重要：土壤保持湿度，使植物能够利用其中的水分；土壤循环和回收的养分同样使其能够为植物所利用；土壤为生物提供栖息地；土壤能够调节水质，过滤污染物；通过将水缓慢地输送到河流和地下水中，土壤能有效地蓄水防洪。土壤在地球的碳循环中也扮演着重要的角色，是一个重要的碳库。

当土壤退化或被清除时，会丧失其作用。人类活动中，清理土地和过度放牧等活动可能会加快肥沃表土被侵蚀的速度，不适当的灌溉会导致盐分污染土壤，继而使土壤退化。

水是土壤中的矿物、有机质和养分发育、侵蚀、溶解、运移、沉积的关键。在土壤中发现的液体，称为土壤溶液，是水和溶解或悬浮于其中的有机的、无机的矿物的混合物。

土壤剖面

土壤通常有许多层，称为土层，具有独特的物理和化学性质。它们的垂直切面被称为土壤剖面。土层一般缺乏明确的界线，相互作用，在厚度上可以有很大的差异。表土层多为动态的，富含生命体和有机质，而较深的较为稳定。水渗透土壤，植物根系和动物（如蚯蚓）的活动可以把物质从表层运送到深层。

土壤剖面通常分为四个层面。

O 层：表土。富含腐殖质，丰富了土壤的养分，增强土壤的保水能力。表土中还含有微生物，它们分解腐殖质和植物根部，同时吸收水分和养分。

A 层：真正的矿质土壤。有机质和无机风化产物的混合物，由于有机质的存在而呈暗色。

B 层：底土。主要由运移到深处的细小物质组成，稠密，可能含有结核或碳酸钙。

C 层：风化岩石碎片。位于基岩之上，很少受到土壤形成过程的影响。

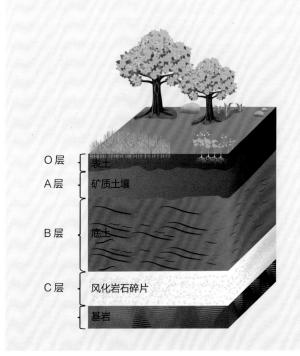

O 层 表土
A 层 矿质土壤
B 层 底土
C 层 风化岩石碎片
基岩

// 喀斯特地貌

一个地区的下层岩石溶于水时形成的景观，即喀斯特地貌，引人注目又独一无二。

喀斯特地貌是水沿着岩石裂缝和线状薄弱处溶解岩石而形成的。喀斯特地貌中，最常见的被侵蚀的岩石类型是石灰岩，但侵蚀过程也可以在石膏岩和白云岩上进行。雨水中含有溶解的二氧化碳，使雨水呈弱酸性。当雨水渗入土壤时，它通常会吸收更多的二氧化碳，形成弱碳酸溶液。在雨水接触石灰岩后，它开始溶解碳酸盐岩。如果雨水渗入裂缝，它会慢慢扩大裂缝，使更多的水进入裂缝，溶解更多的岩石。

上图 中国南方的桂林地区曾经是一片巨大的泥盆纪石灰岩。由于印度板块和欧亚板块的碰撞，基岩被抬升并暴露出来，慢慢地被侵蚀掉，留下了该地区独特的锥形石灰岩丘陵。

最终，一个地下排水系统产生并不断发展，进一步加快侵蚀速率。在地表之上，喀斯特地貌可以呈现出多种形式，这取决于下伏岩石的性质，例如中国南部和越南北部陡峭的圆顶山以及马达加斯加大馨吉地区边缘锐利的岩石山脊。在冰川作用导致石灰岩基岩出露的地区，可能会形成扁平的石灰岩裸露岩面，伴生的石芽被溶沟分隔开来。沿着石灰岩海岸，特别是在热带地区，海水和海洋生物的侵蚀塑造了独特的景观，即陡峭的、布满洞穴的悬崖和遍布植被丛生的灰岩柱的海湾。

在地表之下，渗入石灰岩的水的侵蚀作用最终会塑造一个广泛的洞穴系统。事实上，世界上大部分的大型洞穴都发现于喀斯特地区。如果一个地下洞穴延伸到足够接近地表，它的顶部可能会塌陷并形成一个被称为天坑的洼地，这是喀斯特地貌最具特色的特征之一。虽然一些落水洞随着地表开口的扩大逐渐发育，但在其他情况下，侵蚀却隐藏在地表之下。当洞顶突然坍塌时，牲畜、汽车甚至家庭住宅都可能掉进新形成的落水洞。

地表水和水道在喀斯特地区十分罕见，因为雨水会很快地流过裂隙和落水洞，往往会直接形成地下河。有时，当覆盖在地下河上面的洞穴坍塌时，这些地下河就会变得清晰可见。通过坍塌的洞穴可以看到地下河，这样的洞穴被称为喀斯特天窗。

地下水系统是许多不寻常的喀斯特地貌的成因。例如，每年在爱尔兰的一些喀斯特地区，水从地下水系统中涌出，形成一种独特的季节性湖泊，称为"冬季湖"。喀斯特地区的河流经常会消失在一个落水洞里，然后沿着地下洞穴系统的顶部流动，最后形成喀斯特泉。

全球喀斯特地貌的分布基本上反映了碳酸盐岩的分布，喀斯特景观多见于沉积盆地。虽然喀斯特地貌所占面积仅仅约占世界陆地面积的13%，但它们支撑着世界25%的人口的用水。这些人口中的许多人依靠喀斯特地下含水层提供水源。例如，叙利亚首都大马士革，一个拥有200多万人口的城市，几乎所有的用水都来自喀斯特地区的含水层。

澳大利亚的纳拉伯平原是世界上最大的石灰岩喀斯特地貌，占地面积约26万平方千米，它曾经是浅海的海床，如今仍存在许多洞穴，其中有几个洞穴是重要的考古遗址。

下图 马达加斯加西部的大馨吉（Grand Tsingy）是由地下水的水平侵蚀和雨水的垂直侵蚀合力塑造的。在马达加斯加语中，tsingy 的意思是"不能光脚走路的地方"。

// 洞穴

地面上下的天然空隙足够大，可以让人进入，就形成洞穴。洞穴可以延伸到地下深处，并富含矿物。

大多数洞穴形成于喀斯特地区，当呈弱酸性的水溶解了石灰岩（碳酸钙）、白云岩或石膏（有时是盐）时，就会形成地下洞穴和通道。这样的洞穴被称为溶洞。一个溶洞通常需要 10 万年以上的时间才能变得大到足以容纳一个人。

在石灰岩洞穴中发现的与众不同的岩层被称为洞穴化学淀积物。当酸性水中的一些二氧化碳逸出时，这样的岩层就会形成，导致一些溶解的碳酸钙（如方解石）从溶液中析出并沉积在洞穴内部。最著名的洞穴化学淀积物是钟乳石和石笋，前者从洞顶滴下，后者从洞底萌出，通常是钟乳石滴水的结果。当钟乳石和石笋最终结合在一起时，就形成了石柱。流动的水可能会留下一片方解石，最终形成一种沉积物，称为流石。这些洞穴化学淀积物的色彩是氧化铁或腐殖质作用

的结果，这些物质来自上覆土壤中的有机物。

在远离喀斯特地区的地方形成的洞穴包括：冰川洞穴，在冰川和下伏基岩之间的冰川口附近发现的长隧道，由融水流经冰时形成；海洋洞穴，当海浪拓宽海崖基岩的裂缝或其他薄弱处时形成；风成洞穴，通常在沙漠地区发现的浅洞穴，受风蚀作用而形成；岩屑滑落洞，岩石堆积在山坡上形成的洞穴；悬岩，侵蚀或风化导致较弱的岩石移动时形成，留下一个更具抵抗力的岩石洞穴。

当构造力将基岩拉开时，也可以形成岩洞。这些构造洞穴往往形成于砂岩和花岗岩等大而脆的岩石中，并呈高而窄

下图 洞穴的组成物（被称为洞穴化学淀积物）有许多不同的形式。比较常见的有钟乳石、石笋、石柱、鹅管、流石和石幔等。

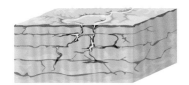

1. 水渗入岩石的裂缝

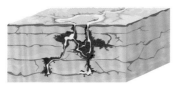

2. 地下河切入岩石裂缝

3. 一个巨大的洞穴得以形成

上图 溶洞的形成。当弱酸性的水渗入裂缝并溶解周围岩石（通常是石灰岩）时，就会形成溶洞，导致裂缝扩大，最终形成地下河，并进一步侵蚀岩石，形成大型洞穴。

的裂缝状，洞顶平坦。虽然它们是最常见的洞穴之一，但通常规模较小，因此很少被注意到，也很少被列入分类名录。

洞穴遍布世界各地，我们对洞穴的数量和在特定地区的分布情况的了解，在很大程度上取决于洞穴在该地区的普及程度。世界上已知最深的洞穴（深度指从最高的入口到最低点的高程差）是一个 2000 多米深的洞穴，它坐落于格鲁吉亚的阿布哈兹。已知体积最大的洞穴有加里曼丹岛的清水洞洞穴系统，其体积大约为 380 万立方米。已知最长的洞穴是位于美国肯塔基州的猛犸洞 – 火石岭洞穴系统，它的勘测长度超过 600 千米。

许多洞穴系统可以支持简单的动物群落。生活在洞穴中的动物通常具有一系列共同特征，包括体色退化、视觉退化、附肢较长以及触觉灵敏（例如检测水波动的能力很强）等。

右图 姆鲁国家公园，位于马来西亚沙捞越州。姆鲁国家公园是据勘测绵延至少 295 千米长的一系列洞穴的家园，这些洞穴中有世界上最大的洞窟（沙捞越洞窟）、世界上最大的洞穴通道（鹿洞）和东南亚最长的洞穴（清水洞）。

熔岩管

火山活动也可能导致洞穴的形成。当流动性很强的熔岩，特别是被称为绳状熔岩的玄武岩在沟壑或其他天然通道中向下流动时，就会形成熔岩管。熔岩外表面冷却并凝固，如果熔岩源干涸，固体熔岩的长管会排空，留下一个近乎圆柱形的洞穴。熔岩管可以长达几十千米，甚至可以形成熔岩钟乳石和石笋，它们是由熔岩从熔岩管顶部滴到底部或从底部萌芽形成的。当地下岩浆房下方的裂缝打开并且所有熔岩流失时，也可以形成巨大的洞穴，留下一个庞大的空间。

上图 位于夏威夷火山国家公园的 135 米长的瑟斯顿熔岩管，形成于 500 多年前基拉韦厄火山喷发期间。

// 滑坡和雪崩

斜坡处于不稳定状态时，可能会发生毁灭性的滑坡或者雪崩。

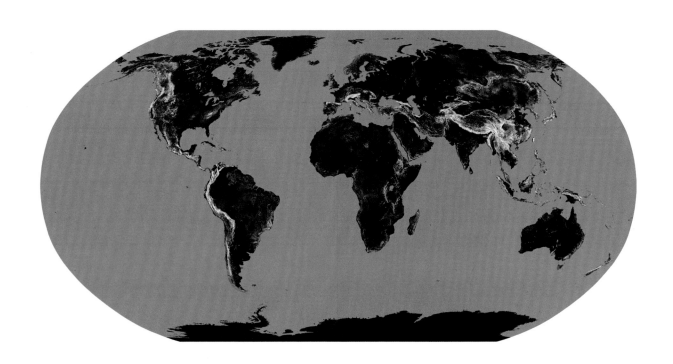

上图 2000—2013 年全球滑坡易发区的分布。最重要的影响因素是斜坡的陡峭程度，但是砍伐森林、修建道路、基岩和土壤的强度以及断层的位置等也是影响滑坡的关键因素。许多容易发生滑坡的地区位于陡峭的山脉中。

当支撑斜坡的力小于推动斜坡下滑的重力时，通常会发生滑坡。虽然重力是最主要的驱动力，其他几个因素，包括暴雨、坡度、地震和人类活动（如道路建设和植被清除）等，也增加了斜坡崩塌的可能性。

斜坡的坡度是造成滑坡的一个关键因素，同样重要的还有岩石的类型和岩层的走向。没有植被的斜坡更容易受到滑坡的影响：树木、灌木和其他植物的根系有助于把土壤黏合在一起。

滑坡最常见的成因是水的渗透，不管是降雨、融雪、潜水面深度的变化还是其他原因。水增加了山体重量，削弱了物质黏性，减少了颗粒之间的摩擦以及与下伏基岩之间的摩擦，使物体更容易移动。当发生滑坡的条件已经完备时，所欠缺的只是一个诱因——通常是自然震动（如地震），或人为震动（如建筑活动、爆破或采矿）。侵蚀也可以引发滑坡：当斜坡的下部被海水或河流侵蚀时，斜坡最终会变得太过陡峭而无法矗立。

滑坡通常根据运动类型进行分类，五种主要类型是崩塌、倾倒、侧离、滑动和流动。然而，滑坡是一个十分复杂的过程，在一次滑坡中经常会发生不止一种类型的运动。滑坡还可以根据所涉及的物质类型进行划分：岩石滑坡、碎屑滑坡、土块体滑坡。

发生崩塌滑坡和倾倒滑坡时，巨石等大块物质会从悬崖或陡坡上脱落。当相对连贯的泥土或其他物质移动时，移动通常非常缓慢（尽管我们倾向于将滑坡视为物质的快速移动，但有些物质每年仅以几毫米的速度移动），这种情况下就会发生侧离滑坡。如果存在一个明显的薄弱区域，滑动物质与更稳定的下伏基岩分开时，就会发生滑动滑坡。当滑坡体像黏性流体一样移动时（通常是由于水的存在，但有时也因为滞留的空气的存在），就会发生流动滑坡。流体中的水或空气越多，流体移动的速度就越快。

火山滑坡，也称为火山泥石流，是最具破坏性的滑坡之一。这类滑坡体类似于搅拌后的湿混凝土泥浆，可能含有炽热的火山灰、有毒气体、熔岩，以及碎屑等。它们可以以200 千米 / 时的速度移动，并且其体积在下坡过程中可能会增长到其初始体积的 10 倍以上。1980 年美国华盛顿州圣海伦斯火山的喷发导致了有记录以来规模最大的滑坡，当时约 2.9 立方千米的泥石流漫延到约 62 平方千米的区域。

当沉积物在水下坍塌时，就会发生海底滑坡，并可能引发海啸。当大型陆地滑坡将物质输送到海洋中沉积时，也可能发生海啸。

雪崩

涉及雪的山体滑坡被称为雪崩。它们可以是规模较小的松散积雪雪崩，也可以是数百万吨积雪形成的大型雪崩，这些积雪可以摧毁森林，甚至摧毁整座村庄。全球每年至少有 150 人死于雪崩。

下雪时，一层一层雪就形成了"积雪"。当新的雪落下时，就会产生一层新的积雪。如果各层雪之间不能很好地结合，就会形成厚厚的板结雪，体积可达数千立方米，能够分离开来并向下移动，导致板状雪崩。

一旦板结雪开始移动，它通常会迅速加速，速度有可能达到 130 千米 / 时。雪崩体增长迅速，因为它会吸收更多的雪，就像在滑坡中一样，滑坡体会吸收其他物体，包括树木和岩石等。

在快速移动的雪崩体中，一部分雪可能与空气混合，形成粉雪雪崩。这种雪崩体的移动速度超过 300 千米 / 时，可能含有多达 1000 万吨的积雪。

下图 雪崩体从汗腾格里峰落下，汗腾格里峰位于天山山脉中部，哈萨克斯坦、吉尔吉斯斯坦和中国的边界上。

下图 由于滑坡体的物质类型和斜坡的陡峭程度各不相同，滑坡可呈现为多种形式，图为其中几种。

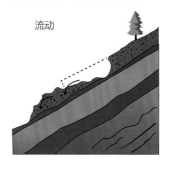
流动

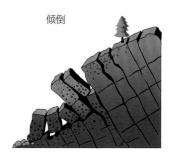
倾倒

滑塌

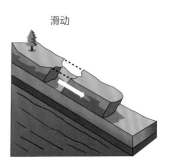
滑动

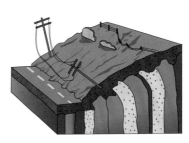
蠕变

崩塌

下图 大多数雪崩发生在坡度在 25° 至 45° 之间的斜坡上。当一个雪层没有和下面的雪层很好地结合在一起时，它会与斜坡分离，并开始沿着斜坡滑下，这时就会发生雪崩。如果雪相对干燥，它可能与空气混合形成粉雪雪崩。

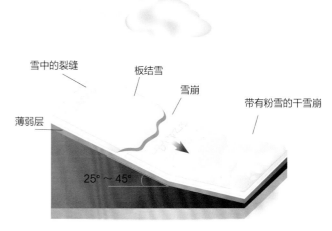

雪中的裂缝　板结雪　雪崩　带有粉雪的干雪崩　薄弱层　25°～45°

// 海岸地貌

在陆地与海洋交会的地方，波浪、潮汐和水流的力量将海岸线塑造成
引人注目的地貌。

海岸是陆地吸收海洋能的地方。随着汹涌的波浪、涨落的潮汐和强力的水流相互作用，并侵蚀、搬运海岸线上的岩石和沉积物，它们共同塑造了地表环境。在这些环境中发现的地貌类型在很大程度上取决于它们是受侵蚀作用还是沉积作用的支配。

侵蚀海岸

  侵蚀海岸很少有甚至可能并没有沉积物、裸露的基岩、陡峭的斜坡、高低起伏的崎岖地形。它们主要分布在岩石圈板块的前缘，狭窄大陆架的活动边缘。基岩的组成对岩石海岸的侵蚀速度和地貌类型有重大影响。

  海蚀崖：侵蚀海岸最常见的地形，海蚀崖可以有几米到几百米高。在海蚀崖底部，通常有一个被波浪切割的缺口；当缺口上方的物质崩塌时，海蚀崖仍然保持垂直。

  海蚀台地：大多数海蚀崖的底部是一个大约在中潮位的平坦岩石表面，被称为海蚀台地。由于波浪的侵蚀使悬崖后退，海蚀台地可能有几米到几百米宽。

  海蚀穴：海蚀崖上形成的浅水洞穴，因为抵抗力较弱的基岩受到波浪的侵蚀而形成。

  海蚀柱和海穹：前者是与大陆隔绝的岬角遗迹，而后者仍然与大陆连接在一起。较脆弱的基岩被侵蚀时会形成海穹，并可能崩塌形成海蚀柱。两者都是短暂存在的地貌类型，最终都会被摧毁。

  岬角和海湾：在与海岸线成直角的硬岩和软岩交替出现的地方（横向海岸），较软的岩石被侵蚀而形成海湾，而较硬的岩石则未被侵蚀而形成岬角。在岩石与海岸线平行的纵向海岸，少见海湾和岬角。

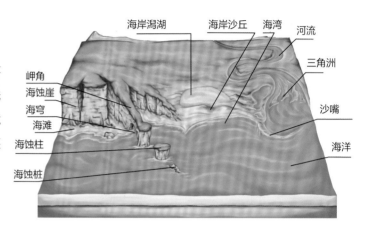

上图 不同类型的海岸地貌的性质是由基岩类型和邻近海域的影响共同决定的。它们包括海蚀柱、海穹和海蚀崖等侵蚀海岸，以及海滩、三角洲和沙嘴等沉积海岸。

沉积海岸

  沉积海岸的特征是拥有丰富的沉积物。沉积海岸是动态的环境，随着波浪、波生沿岸流和潮汐将沉积物从一个地方移动到另一个地方，沉积海岸不断变化——有时是微小的，有时是巨大的。沉积海岸一般拥有低地貌，位于被动大陆边缘，这种大陆边缘有广阔的大陆架且波浪能较低。这些海岸通常以河口和潟湖为特征，并可能形成三角洲。

  海滩：当大量沉积物聚集在一个地方时，就形成了海滩（见第 72 页）。

  障壁岛：主要由波浪和沿岸水流塑造的长而窄的沙带，通常与海岸线平行。障壁岛可以阻止海浪和风暴到达海岸，保护湿地、潮滩和向陆一侧的潟湖等脆弱的环境。

  障壁沙嘴：从海岸延伸出来的长长的沉积物脊。障壁沙嘴的生长最终会将海湾与海洋隔开，形成潟湖，在这种情况下，它被称为湾口沙坝。

  连岛坝：连接离岸地貌（如岛屿）与陆地的沙嘴。连岛坝的形成是因为近海地貌周围的波浪折射导致其后面形成了

一个缓慢移动的水区，导致沉积物沉积。

海岸过程

决定海岸地貌性质的最重要的过程是波浪、波生沿岸流、离岸流和潮汐。

波浪：小波浪把沉积物推向海岸，让它们沉积在海滩上；大波浪，尤其是在风暴期间，把海岸沉积物推向更深的水域。严重的风暴可以完全冲散海滩。波浪的作用主要在于磨损沿海基岩，因为悬浮在水中的沉积物颗粒会被冲击到海岸上。波浪冲击海岸的力量也可以击碎基岩。

波生沿岸流：因为波浪通常以一定的角度靠近海岸，所以当它们进入浅水区时，会产生折射，这就形成了一股与海岸线平行的水流，称为沿岸流。这样的沿岸流从海岸线延伸出来，穿过碎波带。波浪与沿岸流结合，移动大量的沉积物，这些沉积物被波浪从海床上卷起，然后被沿岸流卷走。沿岸流可以沿着海岸向任意一个方向移动，这取决于风和波浪的方向。

离岸流：当波浪涌向海滩时，海岸线上会有轻微的积水，这导致海水沿着离岸流的狭窄通道返回海洋，离岸流有时会带走沉积物。

潮汐：潮流可以输送沉积物和侵蚀基岩，同时也传播波浪能，并通过改变水深和海岸线的位置来改变沿岸流的位置。

十二使徒岩是位于澳大利亚南部海岸的一系列海蚀崖，因为来自南大洋的强大波浪不断冲击，侵蚀了大陆上的石灰岩悬崖而形成。

// 海滩

海滩的形状、颜色和质地多种多样，是由水和天气共同决定的。

海滩是波浪作用在海滨堆积松散颗粒而形成的地貌。在大多数情况下，海滩是由一系列物质组成的，包括砂、砾石、珊瑚碎片和贝壳碎片等。海滩存在于波浪主导的沉积环境中。不列颠群岛的海滩上常常覆盖着砾石而不是砂：圆形的小岩石，被称为鹅卵石。入海河口附近的海滩可能是泥泞的，由更细的沉积物组成，这些沉积物是被河水带来的。

构成海滩的大多数物质是经风化和侵蚀形成的，并且有许多不同的来源。有些是从很远的地方运来的，有些则是当地的地貌逐渐分解的结果。

海滩的颜色多种多样，取决于组成物质的成分，因当地的矿物质和地质情况而异。大多数海滩因主要组成物质成分是石英或二氧化硅而呈黄橙色，但火山岛上的海滩可能是黑色或绿色的，而热带岛屿上的海滩可能是由白色的珊瑚碎片组成的。

在海滩上发现的沉积物的性质能够反映当地波浪和风的能量强弱。在海岸线被强风和大浪侵袭的地方，海滩通常由砾石而不是砂组成。受到高度保护的海岸线可能以泥滩和红树林为特色，因为这些地方沉积了更细的沉积物。

与其他沉积地貌一样，海滩具有高度的动态性，会随着潮汐、洋流和风暴的塑造而改变形状和范围。在冬季，风暴可能会带走砂砾，然后，在夏季，更温和的波浪会取代风暴影响海滩。因此，冬天的海滩通常更窄、更陡峭。潮汐往往会在涨潮时沉积砂砾，并在退潮时将其带走。

海滩的横截面为其剖面。大多数海滩剖面有四个组成部

分：冲流带——时而被波浪覆盖时而暴露的区域；滩面——暴露在海浪中的倾斜部分；残骸线——冲流带到达的最高点；滩肩——几乎是水平的部分，除非遇到极高的潮汐和风暴，否则滩肩会保持干燥。滩肩的顶部通常有一个波峰，在高出海平面的顶部，可能还有一个平滩阶地。在冲流带下面，可能有一个海槽，然后是一个或多个被称为沙坝的狭窄沙堤，与海滩平行。

在某些情况下，沙丘会在滩肩后面形成，因为向岸风会将海滩沉积物带到内陆。植被的生长有助于稳固海滩沙丘；没有植被的沙丘更动态，会根据天气改变形状和位置。

海滩的形状和大小取决于多种因素，包括波浪类型、潮汐高度和沉积物成分与分布等。当较高能量的波浪快速连续翻滚和破碎时，浅滩中的沉积物被掀起，容易被沿岸流沿着海滩带走或被潮汐带入大海，在这些时候，海滩往往会有一个平缓倾斜的前滨。在更平静的时期，下一次波浪到来之前，碎波之间有足够的时间让水退去，沉积物沉淀；在这些时候，

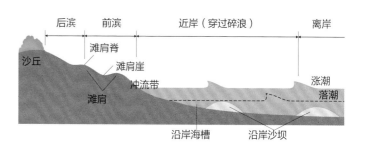

上图 典型的海滩剖面。

海滩往往会有陡峭的前滨。当沉积物很细时，它们会慢慢压实，形成光滑、平缓的表面，可以抵抗风和水的侵蚀。沉积物很粗时，海滩通常有更陡峭的前滨。

下图 海滩和沙丘，西澳大利亚州朱里恩湾。沿着这段海岸线分布的沙丘正以每年约 16 米的速度向北移动。

// 沙漠

每块大陆上都可以看到贫瘠、对人类充满"敌意"的沙漠，它们覆盖了地球陆地表面的五分之一。

上图 摩洛哥境内撒哈拉沙漠中的沙丘。撒哈拉沙漠面积约 900 万平方千米，面积几乎是非洲总面积的三分之一，是世界上最大的热沙漠。沙海只占撒哈拉沙漠面积的一小部分，该沙漠大部分是岩石高原。几十万年来，地球围绕太阳旋转时的地轴进动，导致撒哈拉沙漠每 2 万年左右就会在沙漠和热带草原之间切换。

沙漠地区的年平均降水量少于 250 毫米。因此，大多数沙漠几乎没有植被。沙漠中的水道往往是短暂存在的，通常只有在降雨之后才会充盈。

虽然沙漠中的降雨很少，但它仍然是水的主要来源。当水位下降时，往往是局部下降，而且幅度很大。迅速而猛烈的暴风雨会对地貌产生重大影响，伴随着山洪冲刷地表，开凿出被称为旱谷或干谷的深沟。在水流汇集的盆地，可以形成季节性湖泊。

在一些地区，由于雨影效应，沙漠在山脉背风坡附近形成。由于充满湿气的气团与山脉相遇，气团被迫上升。气团冷却，携带的水分滴落，成为山脉迎风坡上的降雨。当气团下降到背风坡时，它再次变暖，保持湿度的能力增强，并使山区雨影区域的陆地保持干燥。同样，位于大陆中心的沙漠，即内陆沙漠，以及高海拔的山地沙漠，它们之所以形成，是因为沿海的气团在到达这两种沙漠之前就释放了所有的水分。

在离岸海水特别冷的沿海地区，通常是靠近上升流的大陆陆块的西部边缘，可以形成沿海沙漠。向岸风从寒冷的海水中吸收的水分很少，所以降雨量很低；降水的主要形式通常是雾或露水。地球上最干燥的地方是一片沿海沙漠（阿塔卡马沙漠），阿塔卡马沙漠有些年份甚至没有一滴雨。

亚热带沙漠位于南北纬 15° 和 30° 之间，是由于气团的环流模式而形成的。当炎热潮湿的空气在赤道附近上升时，它会冷却并以热带大雨的形式释放水分，这使空气变得更冷、更干燥。接着，它远离赤道并进入热带地区，在那里下降并再次升温，这会阻碍云的形成，并减少下方陆地的降雨量。

除了众所周知的热沙漠，还有寒漠。寒漠大多位于两极附近，也可能位于高海拔地区，那里的降水很少，空气非常寒冷且几乎没有水分。严格意义上讲，整个南极洲几乎都是沙漠，使其成为世界上最大的沙漠地区；在中部高原，年降水量约为 50 毫米。包括麦克默多干谷在内的一些地区没有冰，因为从周围山脉向下流动的寒冷干燥的下坡风和降雪十分稀少。

上图 月亮谷位于智利北部的阿塔卡马沙漠。阿塔卡马沙漠位于两条山脉（安第斯山脉和智利海岸山脉）之间的海岸附近，形成双面雨影，是世界上最干燥的非极地沙漠。

上图 雨影沙漠形成。温暖的含水气体在遇到山脉（红色箭头）时被迫上升并冷却（蓝色箭头），致使水蒸气凝结成云。云以降水的形式释放水分，因此山脉另一侧落下的空气是干燥的（白色箭头），形成雨影，几乎没有降水，造成干旱的沙漠条件。

热沙漠通常每天和每个季节都会经历巨大的温度变化。白天晴朗的天空意味着大部分太阳辐射到达地面，使温度升高到 45℃ 以上（土壤表面温度可能更高，达到 78℃）。在夜间，由于没有空气中的水分或云层隔热，热量会迅速散失。白天和夜晚的温差可以达到 30℃。在冬天，夜间温度可以降到 0℃ 以下。

温度的大幅度变化是沙漠岩石风化的主要驱动因素，持续的热胀冷缩应力使沙漠岩石开裂、剥落、破碎。雨水落在滚烫的岩石上也会产生同样的效果。沙漠风持续着侵蚀过程，卷起沙粒并磨损其表面。在一些地区，沙尘被吹走，留下石质平原，形成漠境砾幕，而在其他地区，沙子沉积在平坦的地区，形成沙田或沙海，或堆积成沙丘。世界上大约 20% 的沙漠是沙质的，但是沙丘只覆盖了世界沙漠的 10%。

沙丘的形状是由盛行风的特征决定的。当条件合适时，沙丘的高度可以达到 500 米。虽然有时会出现孤立的沙丘，但更多的时候它们形成沙丘地，其中最大的沙丘地被称为沙海。沙丘本身也在不断移动，通常情况下，每年移动几米，但是一场猛烈的沙尘暴可以在一天之内使沙丘移动 20 米。

大约六分之一的地球人口生活在沙漠地区。在某些情况下，通常是在典型的半干旱沙漠边缘地区，过度放牧和不合理的灌溉等人类活动导致了沙漠的漫延。全球气候变化对气温和降雨模式的影响也可能对这一过程产生影响。每年大约有 600 万平方千米的土地由于荒漠化而变得无法耕种。

撒哈拉沙漠是世界上最大的热沙漠，面积约 900 万平方千米。

现今的大多数沙漠相对较年轻，从地质学上讲，是在新生代（6550 万年前至今）发展起来的，新生代全球气候逐渐变冷并随之变干燥。

当沙漠位于地下含水层之上时，泉水有时会到达地表，形成绿洲，在那里植物和动物可以生存。

下图 世界沙漠分布图。地球上大部分热沙漠位于南北纬 30° 和 50° 之间的两个地带中。

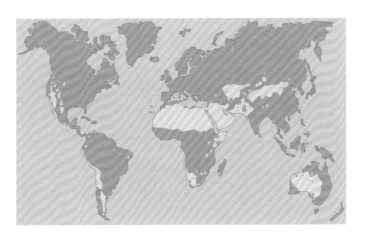

// 平原

平原是地球上主要的地貌之一，相对平坦，其面积占陆地面积的三分之一多一点。

除了南极洲以外的每个大陆都有平原，它们的面积差别很大，从几万平方米到几十万平方千米不等。它们可以出现在北极圈的北部（在那里，它们被称为苔原）到热带地区。虽然较大的平原位于大陆内部（例如澳大利亚中部的大部分地区形成了一个广阔的沙漠平原），但也有由河流沉积物堆积形成的沿海平原。

平原主要有两种类型，由它们的形成方式决定：当河流或冰川沉积了一层层的沉积物，或当火山活动导致熔岩流到地球表面时，就形成了沉积平原；当风（山麓侵蚀平原成因）、河流或冰川（准平原成因）冲刷掉地貌时，就形成了侵蚀平原。

河流蜿蜒穿过相对平坦的河谷底部，在流动过程中带走沉积物，可以形成滚动的平原。当河流不断冲垮河岸（通常是季节性发生的）时，往往会形成冲积平原，因为河流中的沉积物沉积在宽阔平坦的冲积扇中。同样，冰水沉积平原是

中国新疆塔克拉玛干沙漠的冲积平原。冲积平原在沙漠中相对常见，形成于洪水将冲积层从附近山丘向下冲刷的地区。

下图 冲积平原的形成。当流经峡谷等狭窄通道的水从悬崖上流下时，水呈扇形扩散开来，开始渗入地表，留下沉积物和其他物质，即冲积层。

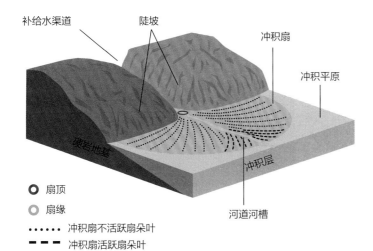

补给水渠道

陡坡

冲积扇

冲积平原

硬岩地基

冲积层

河道河槽

○ 扇顶

◎ 扇缘

⋯⋯ 冲积扇不活跃扇朵叶

━ ━ ━ 冲积扇活跃扇朵叶

由冰川末端的融水沉积下来的砾石和砂形成的。有时候，冰川的一部分会分离出去并融化，它所携带的沉积物沉积下来，形成冰碛平原。当湖泊干涸时，其底部的沉积物可以形成湖积平原。

从森林到沙漠再到草原，平原支撑着大范围的栖息地。草原有不同的名称，这取决于它们出现的地点：在亚洲和东欧，温带草原被称为干草原，而在北美洲，它们通常被称为大草原；热带草原被称为萨瓦纳。

世界上许多平原是重要的农业生产地。这是因为平原地势平坦，土壤通常又深厚又肥沃，易于种植农作物。许多时候，平原上的草原也为放牧提供了良好的条件。

俄罗斯阿斯特拉罕的干草原景观。欧亚草原的半干旱平原从匈牙利延伸到中国，东西绵延约8000千米，几乎是地球赤道周长的五分之一，并支撑着世界上最大的温带草原。

// 湿地

湿地生态系统往往含有丰富的物种，物产也极为丰富。湿地属于过渡地带，既不完全干旱也不完全位于水下，可以同时作为水生物种和陆生物种的家园。

湿地是一年中至少有部分时间被水（淡水、咸水或半咸水）覆盖或水饱和的地区。从冻原到热带地区，从与世隔绝的草原壶穴到广阔的沼泽森林，虽然大小各异，但是每块大陆上都有湿地的身影。世界上最大的湿地包括亚马孙河流域、西西伯利亚平原、南美的潘塔纳尔湿地以及孟加拉国和印度的恒河－雅鲁藏布江三角洲的孙德尔本斯地区等。

湿地有多种形式，取决于它们的位置、土壤、地形、植被、水化学和洪水类型（称为水文学）等。它们可能是永久性的，也可能是短暂性的，例如季节性洪水或者暴雨后出现的洪水可能致使湿地形成。湿地中的水可能是从泉水中渗出的地下水，或者来自附近的河流或湖泊，又或者来自随着潮汐涨落的海水。含水饱和度是影响湿地生态系统类型的主要因素。

通常，湿地分为海岸湿地和内陆湿地。海岸湿地通常出现在河口及其周围，优势种是植物，这些植物已经适应在盐度不断变化的环境中生存。

湿地还可分为自然湿地和人工湿地。沼泽属于自然湿地，它的四种主要类型是树沼、草沼、酸性泥炭沼泽以及碱性泥炭沼泽。

树沼是永久水饱和的、以木本植物为主的湿地，最常见于热带地区。在沿海地区，红树科植物通常是优势树种；孙德尔本斯地区拥有世界上最大的红树林。

在温带地区，树沼这种形式让位于草沼，草沼以草本植物而不是木本植物为主。它们通常出现在湖泊和河流的边缘，以及河口和沿海地带。

酸性泥炭沼泽是积聚泥炭的湿地，泥炭是死亡和腐烂的植物体的沉积物，较为常见的是泥炭藓沉积物。酸性泥炭沼

潘塔纳尔湿地是一片巨大的内河三角洲，它是世界上最大的热带湿地。潘塔纳尔湿地大部分位于巴西，少部分延伸到玻利维亚和巴拉圭，占地140000～195000平方千米。每年雨季，大约80%的河漫滩被淹没。这些水之后慢慢地流入巴拉圭河及其支流。

泽通常被草或灌木覆盖，其中大部分水来自降水。这种沼泽通常出现在较冷的地区（例如高纬度地区或高海拔地区），而且地表水呈酸性、营养贫乏。

碱性泥炭沼泽和酸性泥炭沼泽一样，泥炭堆积量低，但营养物质比较丰富，而且通常情况下，碱性泥炭沼泽由地表径流或地下水为其供水，水体要么呈碱性，要么呈中性。

湿地是极为珍贵的生态系统。它们能够减缓洪水，在暴雨期间吸收多余的水分。海岸湿地有助于保护并且加固海岸线，而且可以过滤河流污染物，以此净化水质。湿地对候鸟来说尤其重要，它为候鸟群落提供了一个停下来觅食和休息的地方。许多湿地还是具有经济价值的渔业发展基地，可以作为远洋鱼类的繁育场。

然而，长期以来，人们一直认为湿地是人迹罕至的荒地，在世界各地，许多湿地已在土地开发中被抽干，或者被注满水，用于娱乐或水力发电。世界上至少一半的湿地已经干涸或者遭到破坏。事实上，湿地比地球上任何其他生态系统遭受的环境破坏更严重。越来越多的城市规划师正在设计人工湿地，以作为废水处理场地或防洪场地。

上图 苏格兰斯凯岛上的泥炭沼泽，位于冰川岩洼地，被认为至少在5000 年前开始形成。

下图 部分沼泽类型。草沼中的植物类型以草本植物为主，通常分布在湖泊和河流的边缘、河口和沿海地带。酸性泥炭沼泽是积聚泥炭的湿地，其中大部分水来自降水。树沼的植被类型以树木为主。

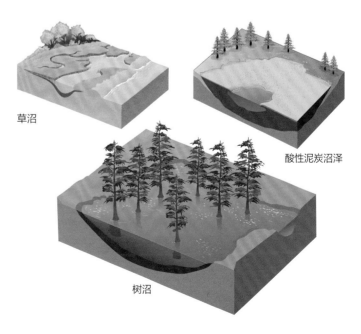

草沼

酸性泥炭沼泽

树沼

// 极地

南极和北极地区是地球上最冷的地方，因为这两个地区几乎无法获得太阳能。

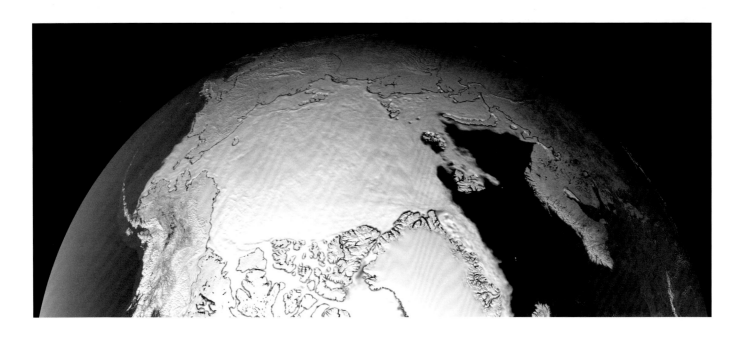

极地的范围界定不清。一种界定标准是北极圈和南极圈，北纬 66°33′ 的纬线和南纬 66°33′ 的纬线，对应半球的夏至日太阳终日不落。

  阳光以倾斜的角度照射到极地，因此照射的区域更大，而且必须穿过地球的大气层，在那里阳光可能被吸收、散射或反射。因此，与其他地区相比，极地的太阳辐射强度较小，温度较低。极地大面积覆盖的冰雪也反射了大部分微弱的阳光，使温度水平保持在寒冷状态。阳光倾斜的角度也确保了昼夜的极端变化，从夏天的极昼到隆冬的极夜。

  两极地理上的差异意味着两地有不同的气候。北极以大部分被陆地包围的洋盆为中心，而南极则以冰覆盖的大陆块为基础。

  目前的情形下，两处极地同时被冰覆盖，这种情况很少见。这种状况部分是由于地球正处于冰期（见第 40 页），不过，同样也是由于大陆的分布影响了天气模式和海洋环流模式，使得北部和南部的寒冷气候条件得以普遍存在。

  南极洲 1420 万平方千米的土地有约 98% 被冰层覆盖，冰层最厚可达 4750 米。南极大陆也被延伸到南大洋的浮动冰架所包围，它被一条每 500 年扩宽 1 米的海沟一分为二。

上图 北极海冰 2021 年度的面积最大值出现在 3 月 21 日。

一边是东南极洲，一个 40 个米厚的巨大板块，由 38 亿年前的陆壳组成；另一边是西南极洲，由四个更小、更薄、松散相连的地块组成。沿着海沟的东南极一侧有一条长约

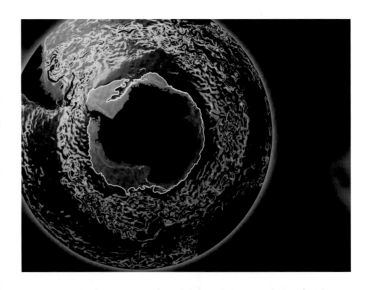

上图 南极绕极流是世界上最大的洋流，通过使温暖的海水远离南极洲，使得南极大陆的冰盖和冰架得以存续。

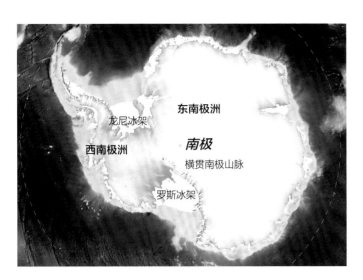

上图 南极大陆被一条宽大的海沟分成两部分（东南极洲和西南极洲）。

3500 千米的巨大山脉，海拔超过 4000 米。西南极洲的大部分地区实际上低于海平面，如果没有冰层覆盖，它将是一组岛屿。

南极洲被南大洋和南极绕极流所包围，在气候上与其他地方是隔离的，这也是南极通常比北极要冷得多的原因之一。南极的年平均温度为－49.3℃，北极的年平均温度为－18℃。

南极洲是寒漠，其极地高原大部分地区的年平均降水量不足 50 毫米。在大陆边缘周围，经常发生气旋风暴，年平均雪量超过 300 毫米；然而，强大的下坡风将大部分降雪吹入海洋。总体上，南极洲的年平均雪量是 150 毫米或更少。相比之下，在东格陵兰冰原，年平均雪量约为 370 毫米。

东南极极地高原是地球上温度最低的地区；俄罗斯东方站海拔 3500 米，年平均温度为－58℃，1983 年冬季温度

永久冻土

永久冻土（完全冻结两年或两年以上的地面）目前覆盖了地球陆地表面的大约 20%。虽然它主要出现在北极和亚北极，但也出现在高海拔地区（包括非洲最高的山脉乞力马扎罗山，位于赤道与南纬 3° 之间的地带）、南极洲，甚至是海底。

在没有冰覆盖的地区，永久冻土上覆盖着一层土壤，在温暖的月份融化。这个"活跃"层可能只有 10 厘米厚，也可能向下延伸几米。永久冻土的表层本身含有大量的有机碳，这些有机碳来自由于寒冷而不能分解的植物体。永久冻土继续深入到地热使温度维持在冰点以上的深度。在西伯利亚的部分地区，这个深度可能在地表以下 1500 米。

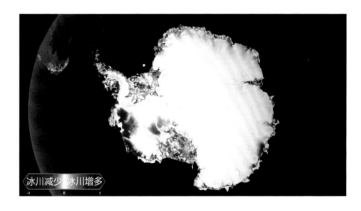

上图 2003 年 9 月至 2018 年南极洲陆地冰层厚度的变化。虽然气温上升导致南极部分地区的冰雪融化，但雪量增加导致其他地区的冰层厚度增加。

降至－89.2℃。沿海地区经历极其强烈的下坡风，联邦湾的年平均风速为 72 千米/时。

左图 南极半岛上被白雪覆盖的山脉和冰川。像西南极洲的大部分地区一样，这个半岛实际上是一系列由冰原连接的基岩岛屿。

海洋

　　占地球表面更多的是海洋而不是陆地，因此，海洋在地球上许多重要的过程中扮演着中心角色，这一点也就不足为奇了。海洋调节着全球的温度，吸收了到达地球的太阳辐射的一半以上，并将其重新分配到全球各地，同时影响着全球气候和地方性天气，如产生强风、破坏性风暴、致命的洪水和毁灭性干旱等。海洋在水循环和碳循环中起着核心作用。海洋水量占地球水量的97%，大部分蒸发的水来自海洋，大部分降水落在海洋上。海洋是地球生命的摇篮，目前已知的海洋生物约有24万种。海洋能够提供丰富的食物来源：海洋是10亿多人的主要蛋白质供应源，海洋鱼类提供的蛋白质占全球动物蛋白消费量的16%。海洋是可供休闲的游乐场所，也是地球上最后的神秘之地。海洋甚至会影响我们呼吸的空气：我们呼吸的氧气有70% 以上是由海洋植物产生的。遗憾的是，海洋也长期被人类当成排放废物的垃圾场。

海洋在不断地运动，从塑造海岸线的海浪到有助于决定区域气候的洋流，而海洋运动的不稳定性塑造了区域气候。

// 海洋

地球上的海洋在地球生命系统的维持中起着决定性的作用，它调节热量和气候，释放氧气，并为数十亿人提供食物。

大约 71% 的地球表面被海洋覆盖，海洋面积约为 3.62 亿平方千米。海洋水量占地球水量的 97%，即平均深度约 3700 米的约 13.5 亿立方千米水。全球海水的总质量约为 1.4×10^{18} 吨，约占地球总质量的 0.023%。

大约 67% 的地球表面被 200 多米深的水所覆盖，近一半的海水在 3000 米深度以下。

虽然严格来讲，地球上只有一个海洋，包围着整个地球，但地理学家把它分为五个主要的大洋，它们的边界主要由分隔开它们的大陆界定。五大洋按面积大小依次为太平洋、大西洋、印度洋、南大洋和北冰洋。海是部分或全部被陆地包

下图 从太空看到的海洋。海洋覆盖了地球表面的 70% 以上，实际上是地球上最大和最有效的太阳能集热器，吸收了大量的热量，而温度却没有大幅度上升。

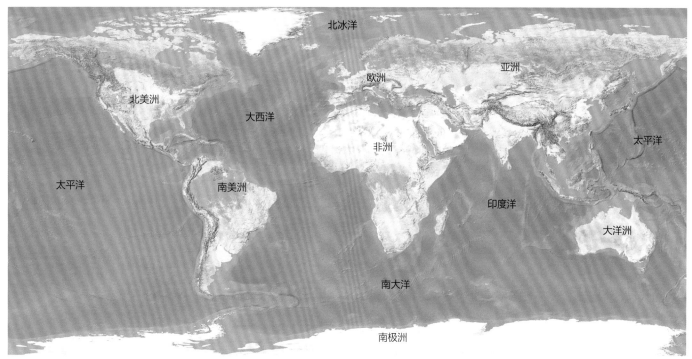

上图 地理学家将地球上单一的环球海洋划分为五大洋，五大洋的边界很大程度上由大陆的边缘决定。

围的比洋小的水体。

海洋中的水并非均匀地分布在地球上：北半球有61%的表面被海洋覆盖，而南半球有81%的表面被海洋覆盖。

颜色是海洋的一个关键特征：海洋的蓝色色调是可见光谱的红色一端被海水吸收，而光谱的蓝色一端穿过海水的结果。由于光线的反射，海水中的有机颗粒和无机颗粒可以改变水体的色调，使水体看上去偏绿。

人们对全球海洋的起源，包括它最初形成的时间，都知之甚少。人们认为，地球上几乎所有的水最初都存在于组合在一起形成地球的太空岩石中。这些水以水蒸气的形式从熔岩中逸出，这个过程被称为放气。然后，大约40亿年前，当地球表面冷却到100℃以下时，水蒸气开始凝结成雨水，然后汇入低洼处形成原始海洋。

海洋的形成可能是地球生命出现的原因。大约33亿年前的前寒武纪时期的蓝细菌化石表明，当时地球上已经存在液态水。

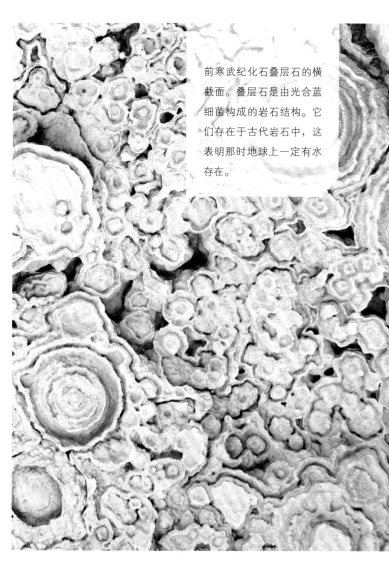

前寒武纪化石叠层石的横截面。叠层石是由光合蓝细菌构成的岩石结构。它们存在于古代岩石中，这表明那时地球上一定有水存在。

// 为什么海水是咸的

地表大部分被咸水覆盖。然而，海水中的盐分来自哪里呢？

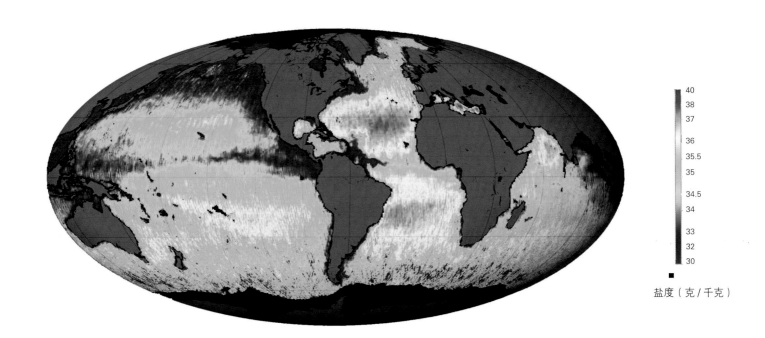

盐度（克/千克）

由于二氧化硫和二氧化碳会在雨中溶解，雨水偏酸性。当雨水落到岩石上时，就会分解岩石，导致矿物盐释出，这些矿物盐被冲刷进河流中，最终流入海洋。几百万年过去，这些矿物盐成为大海的组成部分，使海水变咸。

海水的平均盐度约为35‰，总计含有约$5×10^{16}$吨盐。海水中的大部分盐和我们用来烹饪的盐是一样的；钠离子和氯离子占海水中所有离子的85%，镁离子和硫酸根离子占另外的10%。不同离子的浓度受生物活性的影响。例如，钙离子和碳酸根离子被珊瑚虫吸收，形成它们的骨骼，并以珊瑚礁的形式保留下来。

上图 全球海洋表面盐度图。这些卫星数据是在北半球夏季收集的，由于海冰的融化，北极的盐度很低。相反，热带地区的蒸发强度较大，导致盐度较高。沿海地区的盐度低是由于有河流的淡水汇入。

地理条件对海水的盐度有重大影响。在热带地区，较高的温度导致更多的水分蒸发，使水变得更咸。不过，大量的降雨也会稀释赤道地区的地表水。两极的情况则更为复杂：当海水结冰时，由于留下盐分，周围水域的盐度也随之升高；当海冰融化时，海水被稀释，盐度也随之降低。两极几乎没有水分蒸发。

环流较弱的温暖海洋区域，如地中海，往往有较高的盐度。开阔海洋以红海的盐度最高，其蒸发率高，降水量低，环流受限，汇入的河流淡水少。由于降水量高且有大量淡水从河流汇入，东南亚近海的盐度往往较低。

盐度越高，水的密度就越大。受盐度影响的水密度差异有助于驱动海洋输送带，使海水在地球上流动（见第110页）。

海洋表层海水的平均密度是1025千克/米^3。海水的冰点随盐度的升高而降低。海水通常会在约－2℃结冰。

下图 北极海冰。当海冰形成时，盐被释出，导致周围海水盐度升高，冰点因此降低。

// 海平面

全球海洋相对于陆地的高度不是静止不变的，在短期的时间尺度和长期的地质
时间尺度上均有变化。

由于海洋在不断地运动，它相对于陆地的高度也在不断地变化。影响海平面的因素很多，包括潮汐、风、洋流、气压、重力以及水的温度和盐度等，使海平面难以精确测定。因此，我们主要讨论特定地理位置的平均海平面。

平均海平面一般是通过选择一个地点，在 19 年期间每小时测量一次海平面，然后取测量值的平均值来确定的。这样就可以考虑到波浪和潮汐引起的海平面波动，以及默冬章（19 个回归年的时间长度与 235 个朔望月几乎一致）影响下海平面的较长期变化。如今，卫星高度计被用来精确测量海平面。

由于海平面是相对于邻近陆地测量的，陆地高度本身的变化也会产生影响。例如，冰盖的重量可以迫使陆地下沉。当冰盖融化时，陆地缓慢反弹，有时上升超过 100 米，这种现象被称为地壳均衡回弹。

海平面在地质时间尺度上变化很大。在气候更为寒冷的时期，大量的水被冻结成冰川和巨大的冰原，导致海平面大大降低。例如，大约 18000 年前，地球处于末次冰盛期，平均海平面比现在低 100 米。当时，北美洲和亚洲之间的大陆架可能已经露出水面，人们认为大陆架在两个大陆之间形成了一座陆桥，人类可以利用这座桥梁从西伯利亚迁移到现在的阿拉斯加，成为北美洲的第一批定居者。

从那时起，随着气候变暖，海平面一直在上升——最初是自然变暖，最近则是由于人类活动。至少在过去的一个世纪里，海平面平均每年上升约 1.8 毫米。冰川和冰盖融化，水域随着气候变暖扩张，以及为农业和其他用途开采地下水，都在海平面上升中发挥了作用。

左图 退潮时，海滩上露出了水尺。

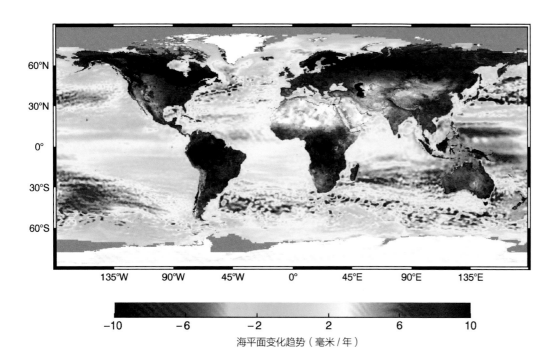

左图 1993 年 1 月至 2016 年 1 月全球海平面变化趋势。海平面变化的大小和方向因地而异，这是由地面沉降、冰期后回弹、侵蚀和区域洋流等局部因素造成的。水由于受热而发生热膨胀，也会对局部地区的海平面产生影响。

海平面变化趋势（毫米／年）

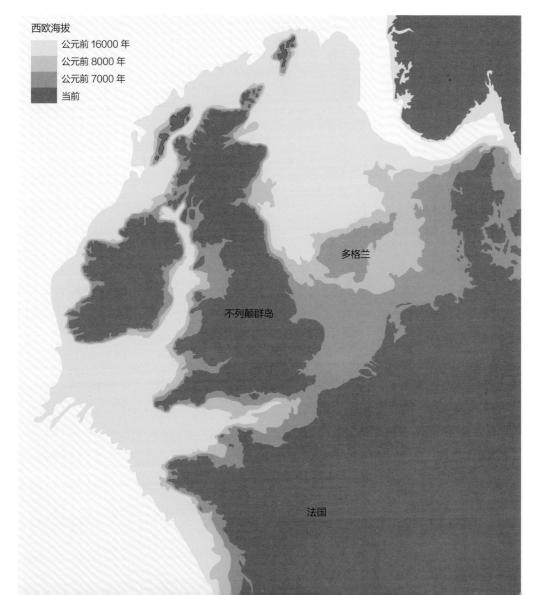

西欧海拔

公元前 16000 年
公元前 8000 年
公元前 7000 年
当前

多格兰

不列颠群岛

法国

左图 在末次冰期，如此多的水被锁在冰盖和冰川中，以至于海平面比现在低了大约 100 米，这意味着大陆架的大部分地区都露出了水面。其中有一个地区现在被称为多格兰，将英国和爱尔兰与欧洲大陆连在一起。大约在公元前 6500 年到公元前 6200 年，海平面上升导致洪水泛滥。

// 潮汐

每天，海平面都会沿着全球海岸线发生起伏变化。这些可预测的涨落，被称为
潮汐，是由月球和太阳对海水的万有引力引起的。

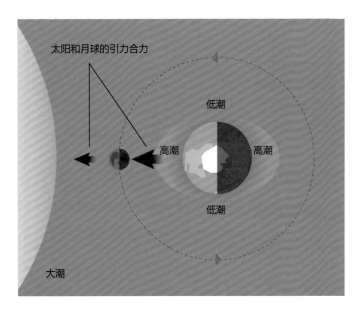

上图 当太阳、月球和地球排成一条直线时，万有引力相合，所以潮汐的涨落幅度较大。

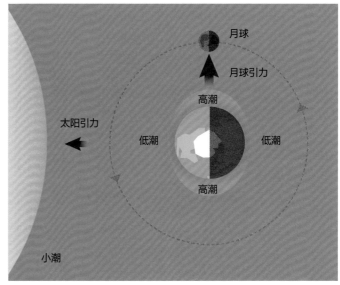

上图 当地球、月球和太阳形成一个直角时，它们之间的引力相互作用，所以潮汐的涨落幅度较小。

虽然月球和太阳都对潮汐有影响，但是月球离地球更近，所以它的影响大约是太阳的两倍。在地球面对月球的一侧，月球的引力把水向上拉。在地球背对月球的一侧，由于月球引力和惯性离心力，水更可能从地球"飞出"。在开阔海洋中，这导致了两处水波形成凸起，一处靠近月球，另一处在地球的另一边。在这两处凸起之间是低潮的位置。由于地球在这些凸起下面旋转，沿着海岸的地区会经历水位的上升（涨潮）和下降（落潮）——潮汐。两次高潮之间相隔约 12 小时 25 分钟。

地理效应

地理位置影响着海岸线所经历的潮差以及潮汐本身的模式。例如，在彼此相对靠近的地区，涨潮和落潮的时间差可以相差几个小时；在某些地区，局部影响可能意味着一天只有一次潮汐，甚至没有潮汐。

海底特征可以对潮差产生重大影响。在靠近浅海大陆架的地区，潮汐的高度通常被放大，而从海底陡然上升的洋中岛附近潮差较小。同样，在狭口盆地，潮差往往大于宽阔的海湾。在河口，河床形状可能改变潮汐模式，涨潮时间长，落潮时间短，或者相反。在这种情况下，低潮不一定出现在两次高潮之间的中间时间点。

月球引力影响的大小取决于它所作用的水的体积。因

小潮与大潮

随着太阳、月球和地球之间的引力相互作用并发生变化，任何特定地点的潮差都会随着时间的推移而变化，在大潮中上升到最高潮位，在小潮中下降到最低潮位。大潮每月出现两次，分别在满月和新月之后，当太阳、月球和地球在一条直线上并且引力最大时。大潮与小潮交替出现，当地球、月球和太阳形成直角时会出现小潮，引力相互抵消——这就是上弦月和下弦月出现的时候。一年中最大的潮差出现在大潮与春分或秋分重合时。

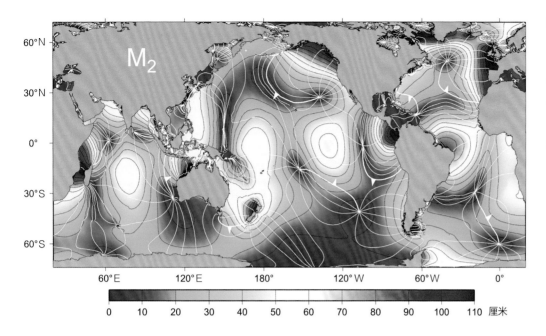

此，环太平洋地区的潮差往往较大，因为太平洋的洋盆是五大洋中最大的，拥有最大的水体。相比之下，相对封闭的较小水体的潮差可能会非常小。例如，地中海、波罗的海和加勒比海的潮差就较小。潮差为零的位置称为无潮点。

最大的潮差出现在芬迪湾，那里的高潮和低潮之间的潮差可达 16.3 米。在英国，英格兰和威尔士之间的塞文河口经常出现达 15 米的潮差。

下图 意大利威尼斯的圣马可广场被罕见的高潮淹没。高潮最常出现在秋季和春季之间，这时天文潮会被季节性的盛行风加强。

// 海洋环境分带

海洋学家把海洋划分为一系列水平和垂直的区域。

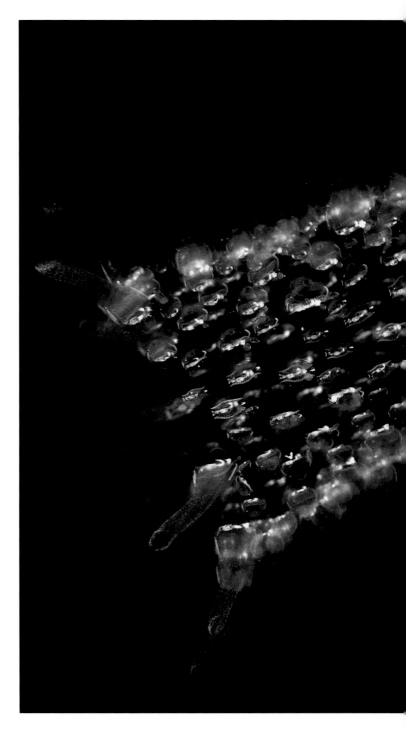

在水平方向上，海洋是根据与海岸线的距离来划分的。最靠近海岸的是潮间带或沿岸带，它包含了高潮线和低潮线之间的区域，这是一个不断变化的区域，受涨落潮汐、波浪作用和沿岸流的影响。在潮间带之外是浅海带，它一直延伸到大陆架向海的边缘。其余的部分被称为大洋区，其中包含大约 65% 的海洋完全开放水域。浅海带和大洋区合称为远洋带。海床本身，连同其上的所有沉积物，被称为底栖带。

根据水深，海洋在垂直方向上分为五个区域（见下页图）。三个主要因素随深度的变化而变化：可见光、温度和水压。

随着阳光穿过水体，它会被水分子吸收，并被悬浮在水中的颗粒散射开来，从而衰减。不同波长的光以不同的速率衰减。波长较短的光（紫外线）和波长较长的光（红光到红外线）都会被迅速吸收，只留下蓝绿色的光线可以穿透任意深度。

光线可以穿透的水层被称为透光带，透光带的下面是无光带。透光带的最上面部分，即光的强度足以让植物进行光合作用的水层（通常是水体最上面的 100 米左右）被称为透光层；水体较深的部分，即没有足够的光合作用的地方，被称为弱光带。在弱光带及以下，许多有机体利用一种被称为生物发光的过程，发出自己的光（通常用于引诱猎物或导航），这种光是典型的蓝绿光。

海洋中几乎所有的初级生产都发生在透光带。生活在无光带的有机体要么向上迁移去觅食，捕食周围的其他生物，要么依靠从上面下沉的物质生存。

水温也随深度增加而降低。上层被太阳加热，温度可以达到 35℃以上，特别是当水层平静并且不与下面温度较低的水层混合时。

温度随深度发生剧烈变化的水层称为温跃层。温跃层的深度和强度随时间而变化，这取决于海洋表层温度、纬度等因素；热带温跃层通常比高纬度温跃层更强、更深。由于极地水域接收的太阳辐射相对较少，温度就和深海水一样低，所以极地水域往往缺乏温跃层。

上图 东帝汶阿陶罗岛附近的一种生物发光火体虫，属于寄生性被囊动物。与大多数发光的浮游生物不同，火体虫可以产生明亮的、持续的光，它们是少数可以做出生物发光响应的海洋生物之一。

海洋环境分带

上层带（0～200 米） 它既是温度最高的一层，也是温度变化最大的一层。大多数生物活动都发生在这一层。海洋表面的风使这里的水得以充分混合，使得来自太阳的热量渗透到更深的水层。温度：−2℃～35℃。

中层带（200～1000 米） 光线仍然可以穿透这个区域，但是非常微弱，不足以让植物进行光合作用；生物发光生物开始出现。在热带和温带地区，中层带可能存在永久性温跃层。温度：4℃～20℃。

深层带（1000～4000 米） 该区域内唯一存在的可见光是由生物发光生物产生的，略多于50%的海洋水体位于该区域内。温度：4℃。

深渊水层带（4000～6000 米） 75%的海底位于该区域内，但海洋生物很少。温度：2℃～4℃。

超深渊带（6000 米及以下） 该区域的水体主要存在于海沟和海底峡谷中，很少有海洋生物生活在该区域。温度：1℃～4℃。

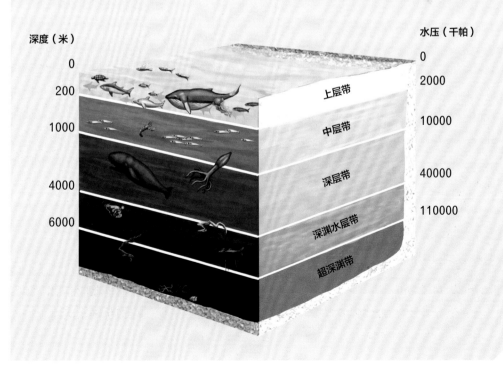

深度（米）

	水压（千帕）
0	0
200	2000
1000	10000
4000	40000
6000	110000

上层带
中层带
深层带
深渊水层带
超深渊带

// 大陆架

大陆边缘是被海水淹没的宽阔平坦的区域——大陆架。

大陆架平均从陆地向外延伸约 70 千米，通常向海微微倾斜，角度约为 0.1°。大陆架的地形通常相当平缓，小型海丘和海岭与洼地和谷槽交替，形成洋脊和裂谷。然而，在一些地方，大陆架被深深的海底峡谷所分割。这种情况通常发生在河口附近，原因是流入海洋的水侵蚀了底层物质。刚果海底峡谷位于刚果河河口，长 800 千米，深 1200 米。大陆架的地质状况与毗邻大陆的裸露部分相似。

下图 相对平坦的大陆架在大陆架断裂处下降，形成一个被称为大陆坡的陡峭部分。它的底部是一个平缓的斜坡，堆积着沉积物，叫作大陆隆，最终让位于平坦的深海平原。大陆架、大陆坡和大陆隆共同被称为大陆边缘。

大陆架广阔的海底阶地最终会在一个叫作大陆架坡折的地带消失，大陆架坡折通常位于大约 140 米深处。在大陆架坡折向海一侧发现的陡峭斜坡称为大陆坡，其底部是一个被称为大陆隆的充满沉积物的区域，缓缓地向深海平原倾斜（见第 96 页）。大陆隆可从大陆坡向海延伸 500 千米。大陆架、大陆坡和大陆隆被统称为大陆边缘。

大陆架通常被一层沉积物所覆盖，这层沉积物由于侵蚀作用而从大陆裸露的部分剥离。随着大陆架被冲刷，这些沉积物在大陆隆积累，最终沉降到深海平原。

大陆架在宽度上差别很大。在一些地区，比如智利和苏门答腊岛的海岸，海洋板块被挤压到陆壳断面之下，可能根本就没有大陆架。在其他地方，大陆架可能延伸数

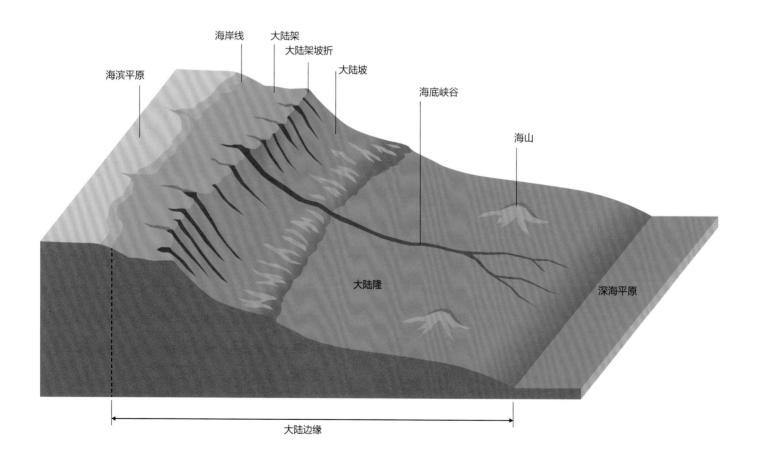

百千米。世界上最大的大陆架位于西伯利亚海岸，向北冰洋延伸超过 1200 千米。总之，大陆架面积约占全球海洋总面积的 8%。

在冰期，当海平面下降时，大陆架可能会露出水面，从而有可能形成陆桥，使包括人类在内的动物能够在通常被海洋分隔的大陆板块之间迁移。

大陆架上方的海水平均深度约为 60 米。这些水域被称为边缘海，例如中国的南海、欧洲的北海和亚洲的波斯湾。

大陆架的生物生产量很高。阳光穿透相对较浅的温暖水域，使藻类和其他植物繁茂生长，洋流和河流径流也提供了养分。

上图 全球海洋深度图。大陆架可以看作不同大陆板块的边缘地带。

大陆架对邻近海域的国家具有重要的经济意义。大多数近海石油、天然气和其他矿物的开采都是在大陆架进行的，许多商业捕鱼活动也是如此。

// 深海平原

在大陆边缘和板块边界的巨大水下山脉之间的深海中，是地球上最平坦、人类
探索最少的地区，这些地区被称为深海平原。

随着新的海底在洋中脊形成，海底慢慢地被细颗粒沉积物覆盖，主要是黏土和粉砂。正是这些沉积物使得深海平原变得如此平坦（深海平原的厚度差异只有 10 ～ 100 厘米），原本不平坦的洋壳表面被下落的沉积物填满。在偏远地区，沉积物的沉积速率约为每千年 2 ～ 3 厘米。

大部分沉积物都是从大陆架流出并堆积在大陆坡上的。当这些沉积物变得不稳定时，它们就会向下沉积，并从浊流中流出。浊流通常沿着海底峡谷流向邻近的深海平原。其余的沉积物主要由从陆地吹向海洋的尘土和远洋沉积物组成，远洋沉积物包括从海洋上层沉积下来的小型海洋植物和动物的遗骸。沉积物覆盖层的厚度可以超过 1000 米。在一些地区，深海平原上散布着马铃薯大小的结核，其中含有锰、铁、镍、钴和铜等金属。

深海平原通常发现于 3000 ～ 6000 米深处，与大陆相邻，大多数沿着大陆边缘延伸。它们可能有数百千米宽，数千千米长。北大西洋的索姆深海平原面积约为 90 万平方米。

全球深海平原的面积可能占地球表面面积的近三分之一，大约相当于所有陆地面积的总和。深海平原在大西洋最常见，而且大西洋的深海平原面积较大。深海平原在太平洋非常罕见，大陆边缘附近的深海沟在大部分沉积物到达开阔的海洋之前就将其困住了。

人们曾经认为大部分深海平原上没有生命，但最近的研究表明，深海平原上生活着各种各样的微生物，包括多达 2000 种细菌和 250 种原生动物。深海沉积物也可能含有单细胞变形虫有机体，例如有孔虫。深海平原上，无脊椎动物的生物多样性也很高，特别是在热液喷口和深海冷泉附近（见第 100 页）。

生活在深海平原上的生物体不得不面对严重的食物短缺，它们的食物来源主要是从海洋表层落下的有机物颗粒，偶尔沉入海底的大型生物遗骸，以及从大陆边缘流下的有机物。

下图 从海洋表层落下的沉积物和从大陆坡流下的浊流填充了海底的凹陷处，使得深海平原极其平坦。

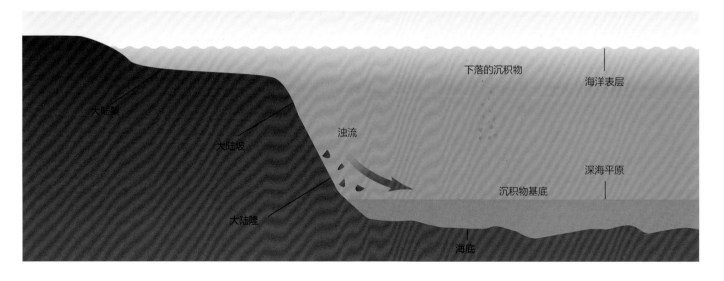

一条深海蜥鱼栖息在深海平原上，被海蛇尾包围着。

// 海山

陆地上遍布着广阔的高耸的山脉，海洋中也是如此。

数千年来，火山活动导致了水下山脉的形成，这些山脉可以高出海底数千米。高度超过 1000 米的火山被称为海山（较小的海底火山被称为海丘）。

像陆地上的火山一样，海山的形状通常是圆锥形的；然而，许多海山的顶部是平坦的，在这种情况下，它们被称为平顶海山。平顶海山是海底火山的遗迹，曾经出露海面。波浪慢慢侵蚀了它们的顶部，它们的顶部变得平坦，然后慢慢沉没到海面以下。

地球上主要的洋盆上均分布着海山，但海山在太平洋最为常见；60% 的已知海山发现于太平洋。海山数量丰富——已经确定的超过 14000 座，覆盖了大约 5% 的海底——但是很少被探索。

像陆地上的火山一样，海山通常出现在地球构造板块的边界附近，或者出现在岩浆热点上方的板块中部。大陆板块在洋中脊被隔开，岩浆上升填补了这个空白。如果这种情况发生得足够快，就会形成海底火山。同样，在板块相互碰撞的俯冲带附近，洋壳被挤压到地球灼热的内部。洋壳熔融形成岩浆，然后上升，并通过火山喷发回到地表。

海山通常以线状或细长状火山群的形式存在，这是由于

下图 马里亚纳岛弧北部的海山，由许多海山和从关岛延伸到日本的几座岛屿组成的新月形海山链。这些海山都是活火山，是由太平洋板块熔融形成的，太平洋板块正在附近的马里亚纳海沟向菲律宾板块下方俯冲。这幅图像被垂直放大了三倍。

930
0
-1000
-2000
-3000
-4000
-5000

~10 千米

-10960
海拔高度（米）

上图 在阿拉斯加湾的迪金斯海山上，覆盖着橙色海蛇尾的珊瑚。由于海山的顶部通常靠近海面，它们常常支撑着各种海洋生物群落。

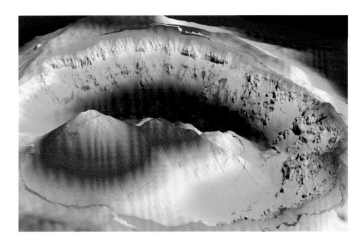

上图 兄弟海山是一座活火山，位于新西兰附近的太平洋。该火山口直径约3000米，包含一座较小的活跃的火山锥，高出火山口底部约350米。火山口和火山锥的壁上有许多热液喷口。

上图 豪勋爵海山链是一系列被淹没的山脉的一部分，从珊瑚海向豪勋爵岛绵延1000千米。吉福德平顶海山海拔约2000米，它的顶部大约在海平面以下250米。

熔岩从地壳的线状裂缝中挤出而形成的。一个火山群中可能有多达100座海山，绵延数千千米。

有些海山可能是巨大的。位于大西洋东北部的大流星海山，底部宽达110千米，比周围的洋底高出4000米。由于海山顶部有时接近海洋表面，它们可能给航运带来潜在危险。然而，最大的风险来自有可能发生的由海山侧翼塌陷造成的水下滑坡，这或将导致巨大的海啸。

水下生命之岛

海山支撑着富饶的海洋生态系统。由于海山为动物和植物提供了栖息地，延伸到海洋表面，并造成物理障碍，迫使深海洋流携带着富含营养的水向上涌，海山便成了富饶的生境，是各种海洋生物群落的家园。其中许多海山是产量颇丰的渔场，全球海山共提供了80多种商业鱼类和贝类。然而，值得担心的是，捕捞正在对海山生态系统造成负面影响，特别是在人类进行底拖网捕捞时。

有证据表明，鲸鱼和鲸鲨等迁徙海洋生物将海山作为导航设备加以利用。

世界上最高的山峰

不，世界上最高的山峰不是珠穆朗玛峰。夏威夷的冒纳凯阿火山是一座休眠火山，高度超过10000米，海拔4207米，还有6000米的山体位于海面以下。

// 热液喷口

像海底间歇泉一样，热液喷口向深海喷出滚烫的海水，在这个过程中支持着奇异的
海洋生物群落，创造了丰富的贵金属资源。

1977 年首次发现的热液喷口通常沿着洋中脊形成，在那里，两个构造板块不断扩张，岩浆上升并形成新的地壳；有时在海底火山周围也能发现热液喷口。海水通过裂缝和多孔岩石在地壳中循环，在从热液喷口溢出之前，会被熔岩加热到极高的温度。虽然热液喷口周围的水温可能只有 2℃，但从喷口涌出的水温度可能高达 464℃；然而，由于处于极高的压力之下，水不会沸腾。

过热的水在地壳中渗透时，会吸收溶解的矿物质。由热量驱动的化学反应使水的酸性增强，导致水从周围的岩石中过滤出铁、锌、铜、铅和钴等金属。当这些水离开喷口，与周围温度接近冰点的水混合时，一系列新的化学反应迅速发生，矿物质从溶液中析出并凝固，在喷口周围形成复杂的结构。

一些喷口释放出硫化物含量较高的海水。它们凝结成细小的黑色颗粒，看起来就像喷出烟雾的烟囱，因此得名"黑烟囱"。还有"白烟囱"，它们温度较低，会释放钡、钙和硅等颗粒。人们通常在海洋 2500 ～ 3000 米深处发现黑烟囱，它们通常成群分布在数百平方米的地方。它们的烟囱每

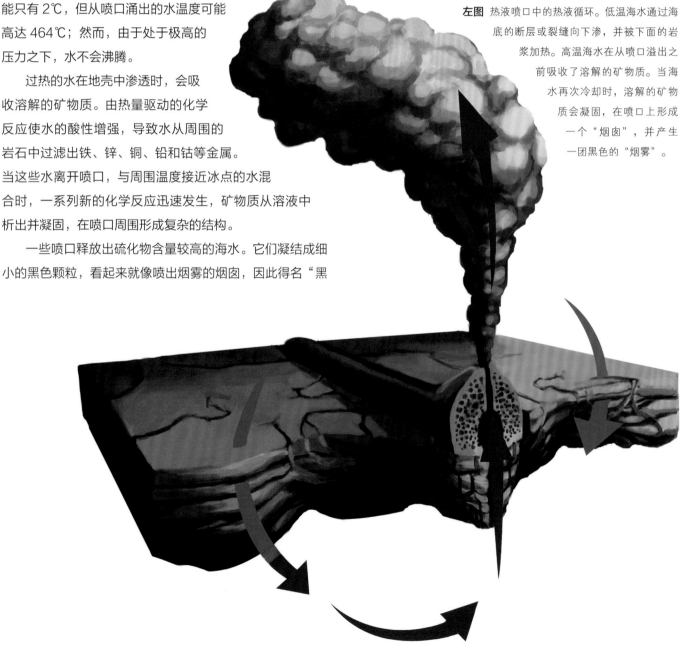

左图 热液喷口中的热液循环。低温海水通过海底的断层或裂缝向下渗，并被下面的岩浆加热。高温海水在从喷口溢出之前吸收了溶解的矿物质。当海水再次冷却时，溶解的矿物质会凝固，在喷口上形成一个"烟囱"，并产生一团黑色的"烟雾"。

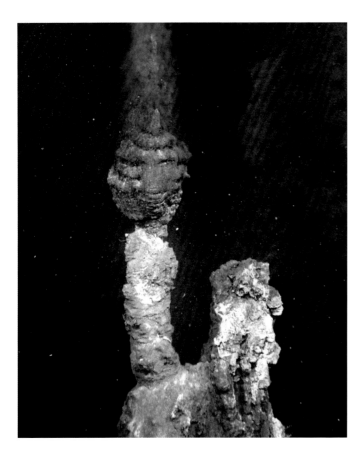

上图 位于大西洋洋中脊热液喷口上方的黑烟囱。从烟囱状结构中冒出的"烟雾"主要由细颗粒硫化物矿物组成，由热液与周围温度接近冰点的海水混合形成。

天可以生长 30 厘米，可以达到 60 米的高度。

热液喷口往往支持着多种多样的生物群落，喷口周围的生物密度可能是附近海底的 10 万倍。与大多数生态系统不同，这些群落中的初级生产者不依赖光合作用，而是依赖化能合成——在这种情况下，细菌将化学物质，如硫化氢作为能源。这些细菌支持着其他生物，包括管虫、甲壳动物、蜗牛、贻贝，甚至鱼等。这些生物中的一些以细菌垫为食，一些与细菌形成了共生关系，成为细菌的宿主，另一些则简单地捕食生活在喷口附近的其他生物。

冷泉

构造板块边界也经常容纳被称为冷泉的喷口，在那里，富含碳氢化合物的冷水从海底流出。冷泉的温度并不是特别低，事实上它们释放出的水通常比周围环境稍微温暖一些。它们在各种深度的海洋中都有出现，在智利，它们出现在潮间带，但它们大多位于更深的水中。与通常易挥发和短期存在的热液喷口相比，冷泉往往更加稳定，以缓慢和可靠的速度喷出液体。

就像热液喷口一样，冷泉支持着生物群落。在这种情况下，构成生态系统基础的化能合成细菌使用甲烷和硫化氢作为能源。生活在冷泉环境中的蠕虫是世界上寿命最长的无脊椎动物之一，寿命可达 250 岁。

上图 日本硫黄列岛一座火山附近的热液喷口附近的化能合成贻贝和铠甲虾。该火山虽小，但极其活跃，有许多白烟囱在大约 105℃ 的温度下喷出热液，其中包括液态二氧化碳气泡，这是世界上仅有的两个可观察到这种现象的地方之一。

// 海底扩张

在大陆板块相互分离的地方，不断形成新的地壳，这个过程被称为海底扩张。

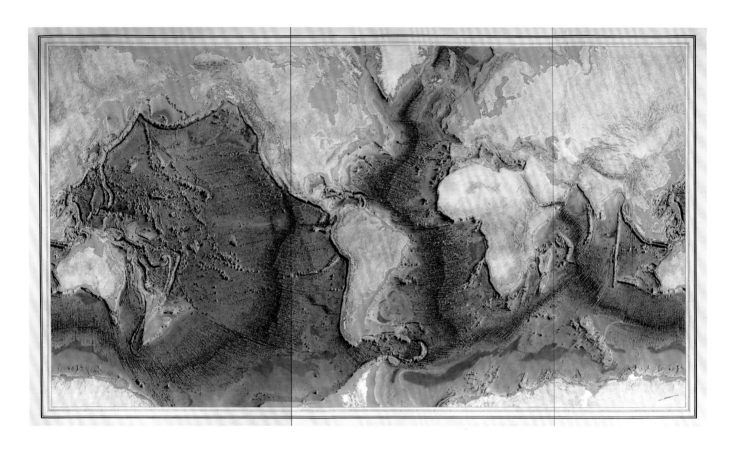

海底扩张最初发生在构造板块边界上，这些板块相互远离，形成了裂缝。由地核加热的地幔熔岩在裂缝下面上升。当它上升时，压力的减小降低了熔岩的熔点，使它液化形成岩浆，这个过程被称为减压熔融。这些岩浆上升到地表，填补了板块之间新形成的空隙，然后凝固形成新的洋壳。

与大西洋接壤的大陆被认为正以每年1～2厘米的速度远离大西洋洋中脊。因此，大西洋盆地正以每年2～4厘米的速度扩张。

最新发现的最薄的地壳位于洋中脊中心附近。随着新形成的海床冷却，它的密度变得更大，因此稍微下沉，所以古老的洋盆比新生的要深。离洋中脊越远，洋壳的年龄、密度和厚度都越小。洋壳最终会因俯冲作用的影响而消亡，所以它的年龄很少超过2亿年。

有时候，海底扩张会导致新的地貌的形成。例如，非洲板块和阿拉伯板块的分离造就了红海，红海最终与地中海相连。

在不同的洋中脊，新洋壳的形成速度都不一样。大西洋洋中脊以每年2～5厘米的速度扩张，而东太平洋海隆（横贯东太平洋的洋中脊）每年扩张6～16厘米。缓慢扩张的洋中脊通常以高而窄的海丘和海山为特征，而扩张较快的洋中脊有更缓和的斜坡。

海底扩张可以导致岛链的形成。例如，夏威夷群岛是由于海底慢慢移过热点或地幔柱而形成的。

全球洋中脊都是相连的。它们一起蜿蜒近 80000 千米穿越世界各大洋，形成了世界上最长的绵延 65000 千米的山脉。

下图 有关海底扩张的证据可以在洋壳的磁性条带中看到。在正在上升的岩浆凝固之前，其中的铁基矿物质被打上了当时地球磁场的烙印。当岩浆变硬形成洋壳，并形成一条与洋中脊平行的条带时，它就真的被固定在石头上了。当磁场的磁极反转时，就会产生一个新的磁性条带。随着海床的扩张，相匹配的条带逐渐远离洋中脊。

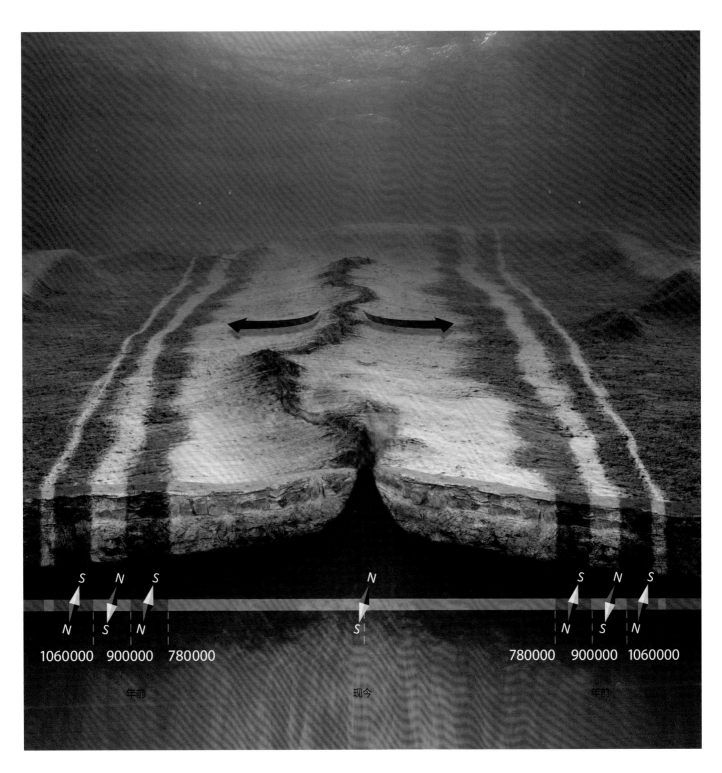

S N S   N   S N S
N S N   S   N S N

1060000 900000 780000   780000 900000 1060000

年前   现今   年前

// 海沟

海洋最深处在海沟之内——某个构造板块被推到另一个构造板块下面形成的狭长的洼地。

当大陆板块在会聚边界碰撞时，较古老、密度较大的板块在较年轻、密度较小的板块下面熔化或滑动，这一过程被称为俯冲。随着板块碰撞，海底和板块弯曲，形成一个 V 型凹陷，称为海沟。海沟通常深 3000 ～ 4000 米。

在某些情况下，两个板块都承载着洋壳，但更多的情况下，一个承载着陆壳，另一个承载着洋壳。陆壳比洋壳受到的浮力更大，因此当这两种板块相遇时，承载洋壳的板块总是会下沉。

俯冲带在地震活动中非常活跃，历史上有记录的大地震多发生在俯冲带。2004 年印度洋海啸和 2011 年日本海啸都是由发生在俯冲带的海底地震引起的。

地球上所有的洋盆中都存在海沟。海沟在太平洋海盆最为常见，也见于东印度洋、大西洋和地中海的洋盆。在全球范围内，大约有 50000 千米的会聚板块边缘，每年大约有 3 平方千米的大洋板块下沉。在会聚边界上有 50 多个主要海沟，总面积为 190 万平方千米。

已知最深的海沟是在太平洋海盆周围发现的，是环太平

下图 这幅海沟剖面图显示了海沟是如何在一个大洋板块向另一个大洋板块俯冲的地方形成的。在左侧，当地壳变形，来自俯冲板块的物质上升形成海山时，就形成了岛弧。右侧可以看到一系列海山从海底升起。

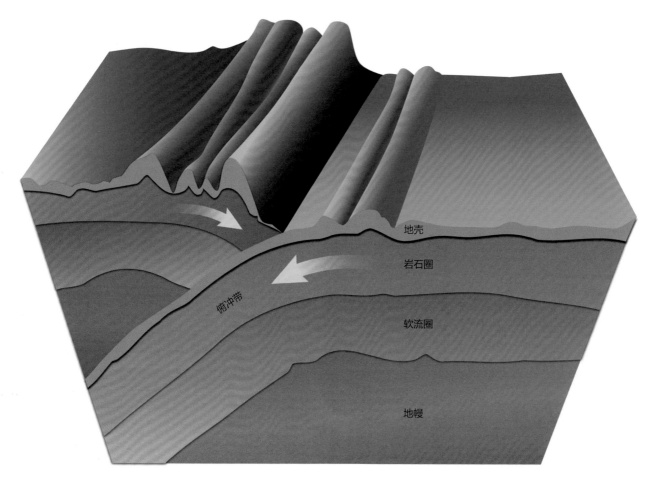

地壳

岩石圈

俯冲带

软流圈

地幔

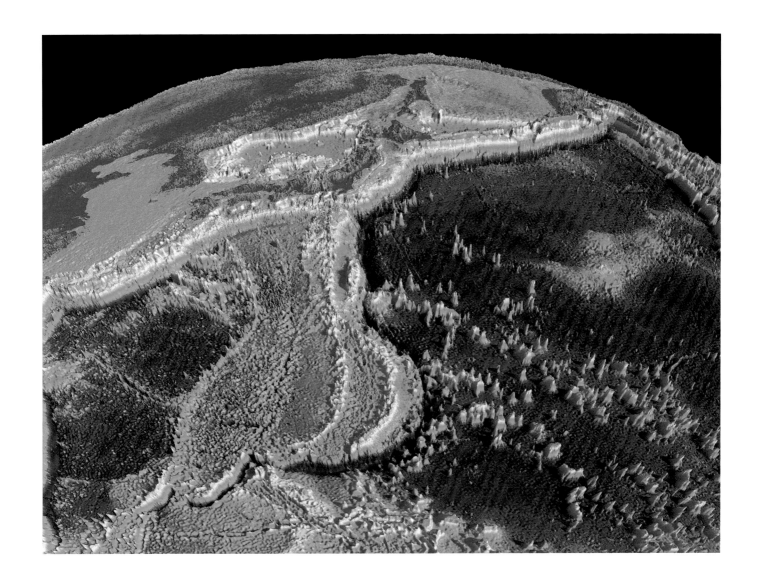

洋火山带的一部分。已知最深的海沟是长 2540 千米的马里亚纳海沟，它位于马里亚纳群岛附近。马里亚纳海沟是大洋板块与大洋板块之间的会聚边界，太平洋板块正在向菲律宾海板块下方俯冲。马里亚纳海沟是挑战者深渊的所在地，该深渊的底部在海平面以下近 11000 米处，是海洋的最深点，它深到可以容纳珠穆朗玛峰。

板块俯冲时熔化，在板块下方有熔融岩浆上涌，最终凝固形成与海沟平行的海山。熔融岩浆流过海山时通常形成岛弧，在日本列岛和阿留申群岛就可见岛弧。岛弧通常在距海沟 200 千米的地方出现。

当致密的俯冲板块向下推挤时，其表面的沉积物有时会被刮落到密度较小的上覆板块上，这些沉积物在海沟底部形成一个大致的三角形，称为增生楔。如果海沟靠近河口或冰

上图 马里亚纳海沟周围区域地形的计算机模型，图中的紫色弧线代表该海沟。马里亚纳海沟是地球上最深的海沟，是俯冲体系的一部分，在俯冲体系中，太平洋板块的西部边缘被挤压到较小的马里亚纳板块之下。

川口，更多的沉积物可能会流入海沟，甚至可能完全填满或溢出海沟。在后一种情况下，可能形成一个岛屿，隐藏位于下面的海沟。加勒比群岛的特立尼达岛和巴巴多斯岛这两座岛屿就是这样的例子，它们都位于南美洲板块向加勒比板块俯冲所形成的海沟之上。

海沟的深度主要取决于沉积物落入海沟的速度。因此，最深的海沟出现在沉积物很少流入的地区。

// 科里奥利效应

地球的自转对大气和海洋都有不寻常的影响，使空气和水偏转，所以它们的运动轨迹看起来像曲线而不是直线，这就是科里奥利效应。

以法国数学家和物理学家科里奥利（1792—1843）的名字命名的科里奥利效应控制着地球上流体的运动方式。

当地球绕地轴自转时，不同的区域根据它们与两极的距离以不同的速度运动。想象你正站在北极，向 1 米开外迈出一步。由于地球完成一次自转需要 24 小时，你需要 24 小时才能绕一个周长约 6.3 米的圆圈移动一周，所以你的移动速度约为 0.00026 千米 / 时。现在想象你在赤道上，在同样的 24 小时内，你可以环游整个赤道——大约 40000 千米。因此，你现在正以 1667 千米 / 时的速度移动——比在北极大约快了 640 万倍。

如果我们现在观察一个以稳定速度从赤道向北飞行的空中物体，它下面的地面将从西向东移动。起初，地面和该物体相对于彼此的速度是相同的，但是当物体向北移动时，地面的速度相对于它会减慢。这样一来，该物体的飞行轨迹看起来向右（东）弯曲。类似地，如果物体向南移动，下面的地面相对于它的速度会加快，因此，它的飞行轨迹看起来会向左（东）弯曲。这些弯曲轨迹是由科里奥利效应引起的。

如果地球不自转，大气就会在两极的高压区和赤道的低压区之间循环。取而代之的是，空气在北半球偏向右边，在南半球偏向左边。这意味着风以逆时针方向围绕北半球低压系统循环，以顺时针方向围绕高压系统循环，在南半球则相反。科里奥利效应对洋流也有类似的影响（见下文）。

科里奥利效应的影响取决于偏转物体的运动速度，以及它运动的距离——更高的速度和更大的距离等于更明显的偏转。纬度也起到了一定作用：科里奥利效应在两极附近最强，在赤道则不存在。

埃克曼输送

科里奥利效应对洋流也有影响。当风吹过海洋表面时

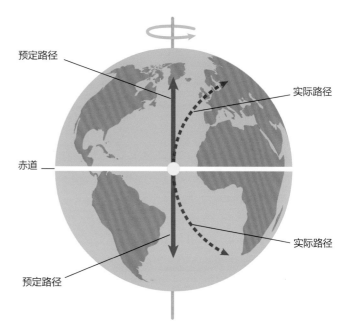

上图 科里奥利效应导致流动的空气在北半球偏向其预定路径的右侧，在南半球偏向左侧。

（1），摩擦力使其推动海水前进（2）。由于科里奥利力（4），海水向一个与风向成角度的方向（3）运动——在北半球向右偏 45°，在南半球向左偏 45°。随着深度的增加，这个角度变得更大，导致形成了一个 100 ～ 150 米深的螺旋状海流，被称为"埃克曼螺旋"，这是瑞典科学家瓦恩·瓦尔弗里德·埃克曼（1874—1954）在 1905 年首次描述的。

平均而言，埃克曼螺旋中水的运动方向大致与风向

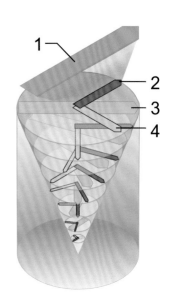

右图 埃克曼螺旋。

成直角，这种现象就是埃克曼输送。受风力驱动的表层水流运动影响的水层通常延伸到约 100 米的深度，这中间的水层被称为埃克曼层。

在浅水区，由于水深不足以形成一个完整的埃克曼

上图 冰岛上空的一个低压系统显示风呈向内逆时针旋转的螺旋。

螺旋，风向与地表水运动方向之间的夹角减小，有时甚至小到 15°。

// 洋流

洋流像海洋中的大河一样，奔流不息，是围绕地球流动的大型水体。

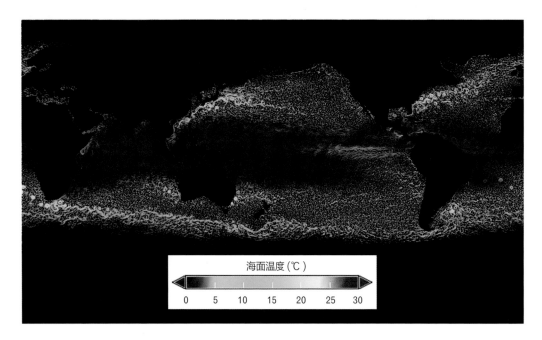

海面温度（℃）

0　5　10　15　20　25　30

左图 根据海洋表面温度按颜色编码的全球洋流分布。

洋流当前的速度从每秒几厘米到每秒 4 米不等。风力驱动的表层流的流动速度明显快于热盐环流驱动的洋流：前者大约每秒 50 厘米，而后者每秒 1 厘米。墨西哥湾流流动相对较快：它沿着北美海岸流动，在海面上的速度达到每秒 250 厘米（相当于每小时 9 千米）。

于海水的持续和定向运动，洋流可以是长期的、永久的，比如墨西哥湾流；也可以是短期的、偶发的，比如沿海岸线运动的浅海沿岸流。它们可以分为表层流和深海流，前者主要由风力系统驱动，后者主要由温度和盐度差异导致的水密度差异驱动（热盐环流，见第 110 页）。此外，还有潮汐流，它们随着海洋涨潮和落潮而流动。当水被迫通过一个狭窄的缝隙时，洋流通常是最强的。

洋流的方向和强度受到许多因素的影响，包括风、科里奥利效应、洋盆和海岸地形、温度和盐度的差异等。

全球大型表层流是由盛行风驱动的。当风吹过海洋表面时，摩擦阻力使水沿着风的方向流动。科里奥利效应和由此产生的埃克曼输送（见第 106 页）导致洋流向左或向右偏转，这取决于洋流所处的半球。

随着洋流的流动，它们有时会形成海洋涡旋——相对较小的包含旋涡的环形水流，从洋流的主体中脱离出来，独自流动，有时长距离流动，然后消散。

在地球上的每一个洋盆中，表层流汇集在一起形成环流，即直径数千千米的永久性圆形洋流。

随着深度增加，风的影响减弱，海水密度增大，表层流的强度也会减小。表层流可到达的深度取决于海水的分层状况：在热带地区，水的分层明显，表层流大多局限于不到 1000 米的深度，但在海水分层较弱的两极，表层流通常一路直达海底。

表层流通过将大量热量从赤道地区转移到两极，在全球气候和地方性天气模式中发挥着重要作用（见第 114 页）。墨西哥湾流携带的水量是亚马孙河的 150 倍。墨西哥湾流使北欧大部分地区比同纬度的其他地区更加温暖。

洋流是以斯韦尔德鲁普为单位测量的：1 斯韦尔德鲁普相当于每秒 100 万立方米的水流量。总体上，表层流携带着大约 8% 的海水。

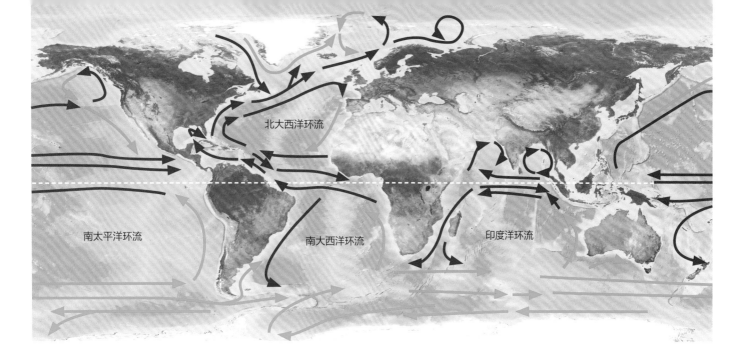

上图 地球上主要的洋流，暖流用红色标记，寒流用蓝色标记。

洋流

　　洋流直径数千千米，由许多环流组成，这些环流汇集在一起，形成一个永久性的圆形洋流，沿着地球各大陆的海岸线流动。它们受到三个因素的驱动：全球季风模式、地球自转和陆地。风驱动表层海水，使海水流动。地球自转会通过科里奥利效应使海水的流动方向发生偏转。

　　陆地也使水流偏离方向，在环流外围形成一个边界。由于科里奥利效应，环流倾向于在北半球沿顺时针方向流动，在南半球沿逆时针方向流动。

　　在洋流中，西边界流是南北向洋流中较深、较暖、较强、较窄的洋流。这些洋流包括北大西洋的墨西哥湾流、北太平洋的黑潮和印度洋的阿古拉斯海流，这几支洋流是世界上最快的非潮汐洋流，速度可达每小时 7 千米，它们的流量之和是世界上所有河流总流量的 100 倍。在赤道附近流动的热带环流，其路径并不呈完整的圆形，主要是从东向西流动。

　　大多数洋流是稳定和可预测的，例如，北大西洋环流总是沿着顺时针方向稳定地环绕北大西洋流动。然而，有些洋流会经历季节性的变化。例如，印度洋环流的流向受季风系统的控制。在夏天，当盛行风从海洋吹来时，它沿顺时针方向流动，而在冬天，当风从青藏高原吹来时，它沿逆时针方向流动。

下图 任意特定区域的洋流模式通常都相当复杂。例如，流经澳大利亚水域的主要洋流有四支：沿澳大利亚东海岸向南流动的东澳洋流，从西澳大利亚海岸中部向下流至塔斯马尼亚西海岸的利文流，从澳大利亚西部向东南流动的南极绕极流，以及从太平洋经由印度尼西亚向印度洋输送暖水的印度尼西亚贯穿流。

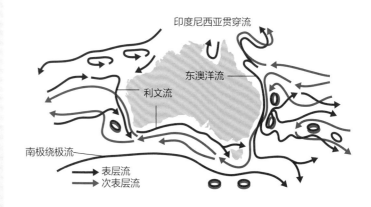

印度尼西亚贯穿流

东澳洋流

利文流

南极绕极流

→ 表层流
→ 次表层流

南极绕极流

　　吹过南大洋的近乎恒定的西风驱动着环绕南极洲的强大洋流，即南极绕极流，它从西向东流动，每秒输送 1.25 亿立方米的海水，经过约 24000 千米的路径。它的流量约为墨西哥湾流的 2 倍，直达海底，并被不规则的海底地形引导。洋流是南极周围冷水大量上涌的原因，并有助于驱动海洋输送带。

// 海洋输送带

海水由被称为海洋输送带的洋流模式驱动着环绕地球运动。

形成海洋输送带的洋流模式也被称为热盐环流，因为它主要由决定海水密度的两个因素驱动：温度和盐度。

海洋输送带的"起点"位于挪威海，挪威海是北大西洋的一部分。在这里，来自墨西哥湾流的咸水加热北半球高纬度寒冷地区的大气，使得咸水自身的温度更低，因此密度更大。当海冰形成时，咸水的密度会进一步变大；盐不会结冰，所以它会留在水中。然后咸水开始下沉，让更多的温水取代它的位置。

在深海中，被称为北大西洋深水的水团向南移动，进入大西洋深海平原，经过赤道到达南极，在那里，它被环绕南极大陆的上升流带回到海洋表面。水团中的一部分水随后开始在海面向北流动，最终汇入墨西哥湾流，墨西哥湾流横跨大西洋流经欧洲。虽然墨西哥湾流主要由风驱动，但是墨西

哥湾热盐环流贡献了大约 20% 的流量。

在南极洲周围，由于强风冷却了地表水，海冰的形成导致海水盐度变大，海洋输送带也得到了加强。由此产生的南极底层水密度极大，由于它向北和向东流动，最终流动到北大西洋深水之下。

海洋输送带的深水部分流动相对缓慢，只有每秒几厘米或更慢，相比之下，风驱动的洋流或潮汐流可以以每秒几十

下图 随着冰冷的咸水（蓝色）沉入海洋深处，海洋输送带从北大西洋"出发"了。然后它向南移动，穿过赤道进入南极，在那里它分成两支，其中一支流入印度洋，另一支流入太平洋。两者最终返回到海面（红色），然后重新汇合形成墨西哥湾流，该暖流横跨大西洋流经欧洲并进入北大西洋完成这一循环。

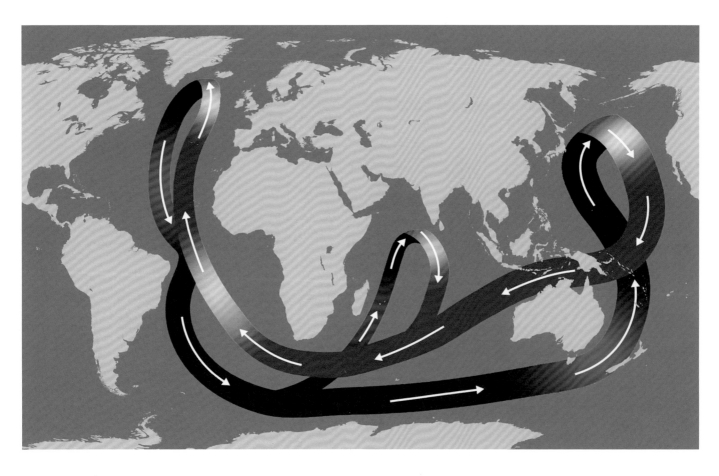

厘米甚至几百厘米的速度流动。据估计，水一路沿海洋输送带的完整路径流过大约需要 1000 年。海洋输送带周围流动的水总量约为 40 万立方千米，约占海洋总水量的三分之一。

通过在全球范围内有效地输送热量，海洋输送带在塑造地球气候方面发挥了至关重要的作用。随墨西哥湾流流入北极的暖水调节海冰的生长，海冰通过改变反照率影响海水对太阳辐射的吸收。由于墨西哥湾流的影响，挪威的年平均温度比位于同一纬度的加拿大马尼托巴省高出近 10℃。

海洋输送带也驱动着海洋中营养物质和二氧化碳的循环。海洋表面的温暖海水通常营养物质含量低，二氧化碳含量很少，但是当海水冷却时，它会吸收更多的二氧化碳。这些营养丰富的海水通过上升流被带到海洋表面（见第 112 页），从而形成了生产力极高的海域。

下图 海水的蒸发、冷却和凝结使得表层海水的盐度变大，海水的密度也变大，并因此下沉。洋盆的形状迫使寒冷、密度大的海水向南流动，最终通过上升流返回到海洋表面。

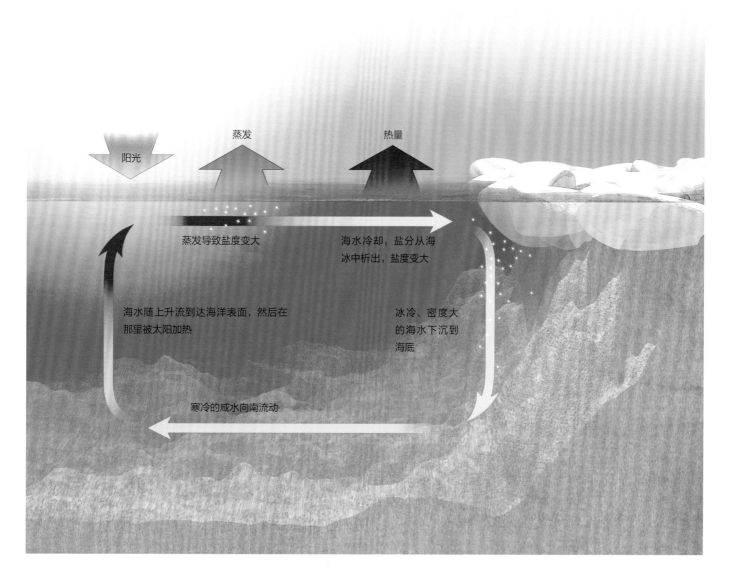

蒸发

热量

阳光

蒸发导致盐度变大

海水冷却，盐分从海冰中析出，盐度变大

海水随上升流到达海洋表面，然后在那里被太阳加热

冰冷、密度大的海水下沉到海底

寒冷的咸水向南流动

// 上升流

上升流即从海洋深处涌向海面的营养丰富的寒冷海水，在世界各大洋均有分布。上升流海域生产力水平极高，其中生活着丰富的海洋生物群落。上升流也能影响全球气候。

在开阔的海洋和海岸沿线都可以发现上升流。上升流主要受风的驱动。当风吹走海洋表层海水时，更深处的海水上升并取而代之。在沿海地区，当风沿着海岸吹来时，上升流的最佳形成条件就出现了。随后，科里奥利效应和埃克曼输送促成了流向海洋的洋流。

与上升流相对的下降流出现在向岸风将温暖的表层海水推向海岸线，导致海水下沉的时候。在一些地区，例如美国西海岸，上升流和下降流随着盛行风的方向发生变化而季节性地交替出现。大多数下降流出现在亚热带水域。由于缺乏足够的营养，这些水域几乎没有海洋生物。

当海底地貌，例如海脊和海山导致深海流向上涌时，也可能形成上升流，例如，科隆群岛和塞舌尔群岛周围的上升流。移动缓慢的气旋也会造成短暂的上升流。气旋将表层海水吹到一边，导致飓风眼下形成上升流。上涌的冷水最终会使气旋减弱。

赤道的南北两侧都有上升流海域，这是由赤道东风引起的。科里奥利效应将表层海水向北和向南输送，导致上升流形成，使太平洋赤道区域成为一条从太空可见的浮游植物密集的宽线。

在南大洋，围绕南极洲吹拂的强劲西风将表层海水吹向北方，在这个过程中，大量冷水被带到海洋表面，形成南极绕极流；研究表明，多达80%的深海水在南大洋重新浮出水面。这些水中的大部分最后一次暴露在空气中是在1000年以前，大部分是从2000～3000米的深度上涌到海洋表面的。

虽然上升流大多是局部现象，但它们可以产生广泛的影响。例如，南美洲西海岸的上升流在厄尔尼诺－南方涛动（见第164页）中发挥了核心作用，这种现象可以改变广阔地带的温度和降雨模式。

上升流的覆盖面积可以非常大，秘鲁西海岸外的上升流覆盖了大约26000平方千米的海洋。

冷水带来的营养物质（主要是来自海洋生物遗骸的氮和磷）有效地起到了海洋肥料的作用，促进了浮游植物的生长和繁殖。这些浮游植物被浮游动物所消耗，浮游动物又被大型海洋动物捕食。因此，上升流往往支持着蓬勃发展的渔业；全球海洋鱼类捕捞总量的一半左右来自沿海上升流海域，而沿海上升流海域面积仅占世界海洋总面积的1%。

下图 海岸上升流通常是由平行于海岸线的风驱动的。科里奥利效应和埃克曼输送促成了表层流，导致海水流出海洋，更深的海水上升并取代流走的海水。

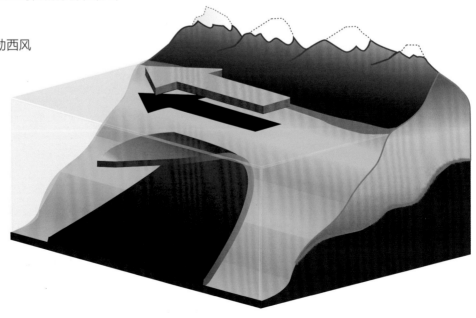

与美国东海岸上升流有关的浮游植物的卫星影像。营养物质上涌到海洋表面，滋养了这些微型植物，从而创造了一个高产的生态系统。

// 海洋热量和营养物质输送

海洋是储存全球热量的宝库，它能通过将一部分热量从赤道输送到两极，参与地球气候调节。
洋流也可以输送溶解的营养物质，有助于确定海洋生物的所在地。

平均来说，每年在热带和亚热带地区，到达地球表面的热量比地球释放的要多。从高纬度地区到两极，情况正好相反。因此，大气和海洋将热量从赤道转移到两极，以补偿这种不平衡。

不同洋盆之间热量输送的量和方向是不同的。在太平洋，热量从赤道向南北输送，而在印度洋向北输送的热量很少。只有在大西洋，热量才能从南到北穿过赤道输送。一般来说，从一个洋盆到另一个洋盆的热量输送相对较小。

全球海洋热量输送主要依靠热带太平洋的热量输出；在热带东太平洋的一些地区，海洋每平方米获得的热量超过100瓦。大部分热量在北大西洋、北太平洋和北冰洋流失，特别是北美洲和亚洲东部沿海地区以及北极部分地区，在那里，每平方米高达200瓦的热量被转移到大气中。

在大西洋，大部分的热量输送是由海洋输送带驱动的，而不是由风海流驱动的。在太平洋和印度洋，大部分的热量输送是由风海流驱动的。

总的来说，洋流向北方输送热量的功率略低于3000兆瓦，这相当于世界上所有发电站平均功率的600倍。大气环流使热量输送功率增加了2500～3000兆瓦，导致总热量向北输送的功率达5500～6000兆瓦。

温暖的洋流使吹过它们的海风升温，从而使当地的气温升高。由于墨西哥湾流和北大西洋暖流带来的热量，欧洲的气候较为温暖；加拿大同纬度的部分地区冬季温度通常比欧洲低10℃，因为这些地区没有这种增温效应。如果墨西哥湾流停止流动，挪威北部的年平均温度将下降超过15℃。相反，秘鲁的利马由于寒冷的秘鲁寒流的影响，比

下图 这幅可视化图像显示了海洋表层流的情况，经过着色与相应的海洋表面温度相匹配。它展示了海洋涡旋和其他在海洋周围输送热量和碳的狭窄水系。

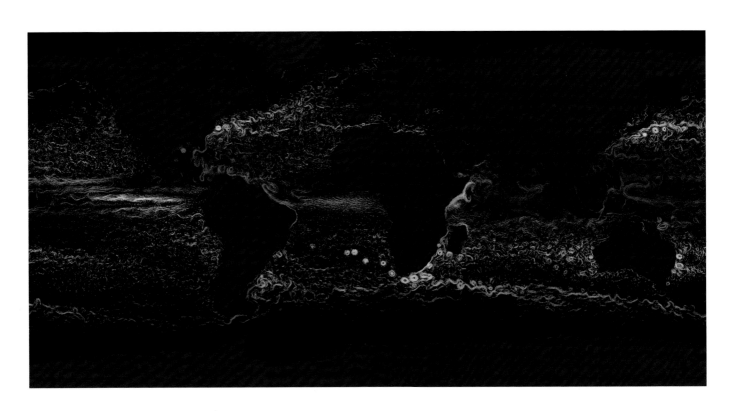

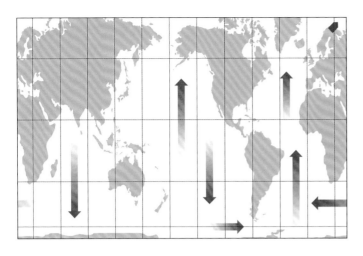

上图 在太平洋，热量从赤道向南北传播；在印度洋，热量只向南传播；在大西洋，热量沿着整个洋盆从南向北传播。

同纬度地区的其他城市更冷。

温暖的海水进入北极，通过对海冰生长的影响来调节全球温度。温暖的洋流也能影响降雨和风暴的形成，为云和气旋提供水分和热量。

营养物质输送

营养物质是生物体维持生命和生长所需的元素。海水中最重要的营养物质是氮、磷和硅等，微量金属（特别是铁）也起着重要作用。

河流是海洋养分的主要来源。在海洋表面，营养物质被浮游植物和蓝细菌吸收。当这些生物和其他生物死亡后，它们的残骸会下沉，所以这些残骸的分解和营养物质的释放大多发生在更深的水域。因此，靠近海面的水体营养物质浓度通常较低，而靠近海底的水体营养物质浓度更高。这一规律的例外情况出现在上升流海域（见第112页），那里寒冷、富含营养的海水上升到表面，也出现在大陆架（见第94页），那里的营养水平是由河流、风和潮汐等共同提高的，它们可以把营养物质带回海洋表面。

大型海洋涡旋和洋流有时会把海洋中的海水从大陆架带到开阔海洋中；然而，这些海水中的大部分是在透光带以下被带走的，所以当地的海洋生物无法获得其中的营养物质。

下图 这张卫星图像显示了在大西洋墨西哥湾流上方的大气层顶部观测到的亮度温度，即来自海面和上方湿润大气层的热辐射。

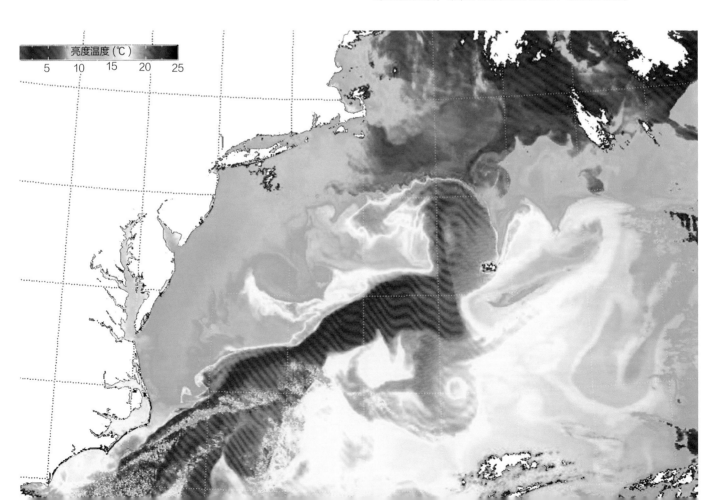

// 海洋碳循环

海洋是地球上最大的碳库。碳循环是调节全球气候的另一种方式。

根据海洋中的碳是有机的还是无机的，是溶解的还是颗粒状的，可以将其分为四个不同的类别。有机碳存在于蛋白质和碳水化合物等有机化合物中，而无机碳主要存在于二氧化碳和碳酸氢盐等简单化合物中。

有机碳和无机碳通过海洋碳循环在海洋中移动，并在大气、陆地和海洋之间进行交换。海洋碳循环的主要输入来源是大气和河流。每年，大约有 2 亿吨碳被河流输送到海洋。

海洋碳循环由三个主要的过程驱动：溶解度泵，大气中的二氧化碳在水中溶解；碳酸盐泵，海洋生物在形成碳酸钙壳时吸收碳；生物泵，浮游植物和其他生物通过光合作用将二氧化碳转化为有机物。

二氧化碳在冷水中比在温水中更容易溶解，因此溶解度泵在两极更活跃。在那里，二氧化碳浓度较高的海水在海洋输送带中下沉并开始运动（见第 110 页）。当海水随上升流返回海洋表面时（见第 112 页），海水变暖，二氧化碳返回大气层。海洋吸收二氧化碳的速度还取决于大气和海洋的二氧化碳浓度，海水盐度，以及风速。

碳酸盐泵和生物泵都会将海水中的碳转化为碳酸钙或有机物，从而降低表层海水的二氧化碳浓度，使更多的二氧化碳溶解。当相关的生物死亡后，它们的残骸沉入海底，在那里被掩埋或分解。在前一种情况下，有机碳在相当长的一段时间内被有效地排除在碳循环之外；动物骨骼中的碳酸钙也可能遭受同样的命运，最终变成石灰岩。在后一种情况下，碳会进入冰冷的底层海水中。

人类活动对海洋碳循环产生了重大影响。在工业革命之前，海洋是大气中二氧化碳的净来源。然而，现在海洋已经成为地球上最大的碳汇，吸收了人类活动产生的二氧化碳中 15% ～ 40% 的二氧化碳。

地球表面大约有 380000 亿吨碳，其中大约 95% 储存在海洋中，且大部分是溶解的无机碳。大约 17500 亿吨碳

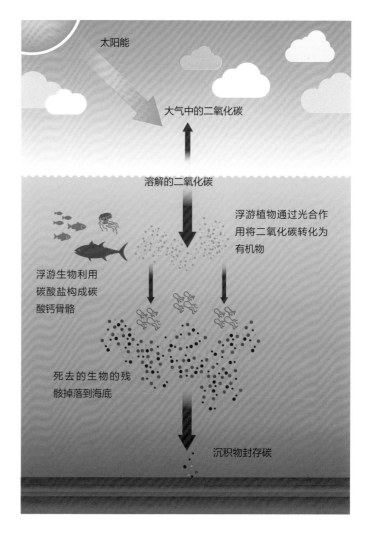

上图 在生物泵中，溶解的二氧化碳被浮游植物、珊瑚虫和其他生物转化成有机物和碳酸钙骨骼。当这些碳沉入海底并被沉积物覆盖时，大部分的碳就会被封存。

被封存在海底沉积物中。海洋中的碳是大气中的 50 倍。每年，生物通过光合作用吸收的碳约有 180 亿吨。

海洋酸化

　　进入海洋的二氧化碳的增加正在影响海水的 pH 值。当二氧化碳溶解在海水中时，海水就变成弱酸性。海洋酸化降低了碳酸钙的可利用性，这可能对许多具有骨骼的海洋生物产生了重大的负面影响，包括在许多地区构成海洋食物链基础的颗石藻和有孔虫，以及造礁珊瑚。如果海洋继续酸化，也可能导致贝壳和珊瑚骨骼遭到侵蚀。

右图 图中为埃及红海中的珊瑚塔。海洋酸化对珊瑚和其他海洋生物构成威胁。

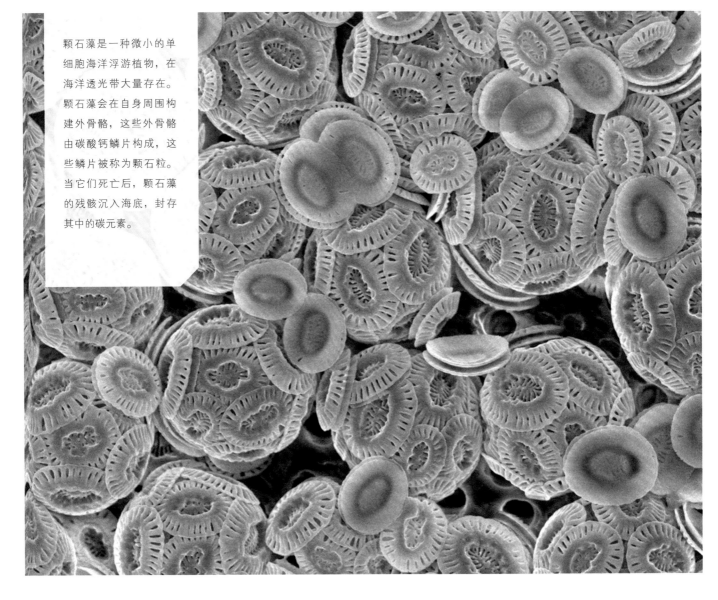

颗石藻是一种微小的单细胞海洋浮游植物，在海洋透光带大量存在。颗石藻会在自身周围构建外骨骼，这些外骨骼由碳酸钙鳞片构成，这些鳞片被称为颗石粒。当它们死亡后，颗石藻的残骸沉入海底，封存其中的碳元素。

// 波浪

海洋的表面在不断地变化，随着波浪从海里滚到岸上而不停地起伏。

波浪的最高部分叫作波峰，最低部分叫作波谷。波浪最重要的特征是波高（相邻的波谷与波峰之间的垂直距离）、波长（两个相邻波峰或波谷之间的水平距离）和周期（两个相邻波峰或波谷之间的时间间隔）。一般来说，波长越长，波能在水中传播的速度就越快。波浪的波长一般为60～150米，周期约为20秒。

波浪一般按照能量来源来分类。最常见的是表面波，它是由吹过水面的风引起的。在正常情况下，表面波是在海滩上看到的波浪。

卷入海滩的波浪通常是由远处吹来的风引起的。当风吹过一片水域（称为风区）时，摩擦力会导致水面上形成涟波

上图 破碎的波浪。波浪通常在到达浅水区时就会破碎。波浪与海底的摩擦使波浪底部移动速度放缓。由于顶部仍在以正常速度移动，波浪最终会倾覆。

或毛细波，波长很小。随着风继续吹动，涟波慢慢变成更大的波浪，因为风在不平整的水面上有更大的吸引力。大型表面波形成于强风长时间、长距离稳定吹拂，如果强风只是短时间的阵风，则不会形成大浪。

当波浪足够大的时候，它们开始向外扩散，自然地分成涌浪——一组有着共同的方向和波长的波浪。然后波浪继续穿越海洋，直到到达海岸。如果波浪没有遇到任何障碍物，

它们可能会穿越整个洋盆。塔斯马尼亚岛附近的强风可以在南加利福尼亚州创造完美的冲浪波。

当一片海洋在给定的风力、持续时间和风区等条件下形成理论上可能达到的最大波浪时，我们就说它已经充分发育了。当风继续吹过一片充分发育的海洋时，它会导致波峰破裂，形成白浪。

我们看到的前进的波浪实际上是穿过水的能量，而不是水本身前进的能量。当波浪能通过水时，它使得单个分子上下做圆周运动。

如果波浪足够高，它最终会破碎。当它的底部不再能支撑它的顶部时，波浪就会破碎，进而崩溃。这种情况可能出现在开阔的海洋中，但当波浪到达海岸时，这种情况更加可以预见。

当波浪进入浅水区时，它的波高增加，速度减慢，波

假潮

完全或部分封闭的水体，如湖泊和海洋，有时出现假潮。假潮是一种驻波。当一种扰动导致水体发生振荡时，就形成了假潮。波浪最终变得协调，使得一部分水上下运动，而另一部分保持静止。

长变小。波浪和海底之间的摩擦减慢了波浪底部的移动速度，而且波浪的下半部分也被压缩，迫使波浪的顶部攀升得更高。当波浪的顶部以不变的速度继续移动时，波浪的顶部最终会倒塌下来。

下图 波浪的一些重要特征。

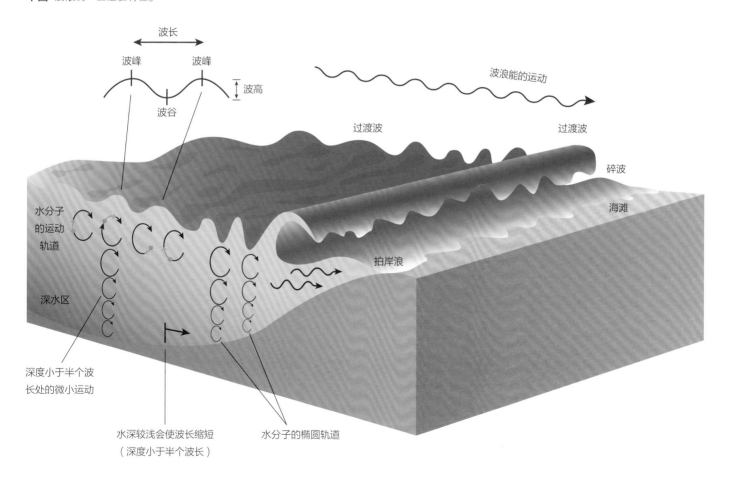

波长

波峰　波峰

波高

波谷

波浪能的运动

过渡波　过渡波

碎波

海滩

拍岸浪

水分子的运动轨道

深水区

深度小于半个波长处的微小运动

水深较浅会使波长缩短
（深度小于半个波长）

水分子的椭圆轨道

// 海啸

巨型海浪是地球上最具破坏性的自然现象之一，几个世纪以来，海啸造成了无数人的死亡。

海啸是由大量水体突然移位引起的，通常是由地震或火山喷发引起的，也有可能是由陆地或海洋滑坡、冰川崩解或陨石撞击等引起的。大多数海啸是由大型海底地震引起的。当地震导致海床突然上升或下降时，会引发一系列滚动的波浪，最终形成海啸。大约 80% 的海啸发生在环太平洋火山带，它们也可能发生在包括湖泊在内的任何大型水体中。

地震也可以移动岩石和沉积物，造成山体滑坡，同样使大量水突然移动，引发巨型海啸。1958 年，美国阿拉斯加州利图亚湾发生 7.8 级地震，引发山体滑坡，产生了 524 米高的波浪，是有记录以来最高的波浪。海啸通常是由一系列的波浪组成的，这些波浪被称为波列。独立的波都有很长

的波长。典型的风生波的波长约为 50 米，高度约为 2 米，而穿过深海的海啸的波长可达 200000 米，高度约为 0.3 米。因此，在海中，海啸通常不会引起注意。

因为海啸的波长很长，所以它们在移动过程中不会损失太多能量。它们可以以高达 800 千米 / 时的速度移动，这速度足以使它们在不到一天的时间内穿越太平洋。但是由于它们的波长太长，波动完成一个从波谷到波谷的周期可能需要

下图 2011 年 3 月 11 日日本东北部发生 9.1 级地震后，海啸没过宫古市附近的海堤。这次海啸是由与日本海沟相关的断层断裂引起的。日本海沟将欧亚板块与俯冲的太平洋板块分隔开来，部分断层滑动了约 50 米。

20～30分钟。

和正常的海浪一样，当海啸到达较浅的水域时，它们的速度开始减慢，高度开始增加，但只有最大的海浪才会达到顶峰。最初，它们就像快速上升的潮水。然而，它们可能还需要几分钟才能达到最大高度，在大地震事件之后最大高度可达几十米。

如果海啸到达海岸的第一部分是海槽，那么就会出现类似落潮的现象。海洋的边缘急剧后退，有时后退几百米，暴露出平常被淹没的区域，持续几分钟。

上述两个过程都可能造成相当大的破坏——伴随着波峰的高速水墙冲向海岸，随之而来的危害是，携带着大量碎屑的海水都被冲离陆地。这种破坏可能极其广泛，影响到整个洋盆。

2004年12月26日发生在印度洋的海啸是人类历史上最致命的自然灾害之一。这次海啸波及10多个国家，至少有23万人死亡或失踪。它是由发生在印度尼西亚苏门答腊岛附近的一次9级以上地震引发的。

即使地震的震级和震源已知，它引发的海啸仍然很难预测。目前，使用浮标上的压力传感器的自动化系统能够提供最佳预警，它有可能发出地震后即将发生海啸的警报，使人们能够提前到高处避难。

下图 2004年12月26日，位于印度尼西亚苏门答腊岛海岸的班达亚齐西南郊区被海啸摧毁，沉入海底。班达亚齐是距离引发海啸的地震震中最近的主要城市，遭受了严重的人员伤亡。

// 珊瑚礁

珊瑚礁存在于地球上最为多产且最多样化的生态系统中，是保护海岸线免遭破坏性风暴和侵蚀的重要物理结构。

生长在所罗门群岛浅水区的珊瑚礁。因为珊瑚依赖共生藻类生存，所以大多数珊瑚生活在温暖、清澈的浅水中。

珊瑚礁由海洋无脊椎动物的骨骼组成。珊瑚属于刺胞动物门，其中也包括水母和海葵。单个珊瑚虫的直径通常约为1.5厘米，但也可以是针头大小或直径长达30厘米。它们从周围的海水中吸收碳酸钙，并利用碳酸钙生成坚硬的外骨骼，新的珊瑚虫生长在海底未被占用的地方或者它们的前辈的骨骼上。

珊瑚礁主要有四种类型：岸礁、堡礁、台地礁和环礁。岸礁是最常见的。它们常见于海岸线附近，在那里，它们要么直接附着在海岸上，要么被浅海水域或潟湖与海岸分开。堡礁在开阔水域形成，并被更深、更宽的潟湖与海岸隔开。它们的形成时间比岸礁要长得多，因此堡礁更加稀少。台地

礁也被称为补丁礁或桌礁，可以在海床上升到足够靠近海洋表面的任何地方形成，以便于温水造礁珊瑚的生长。在某些情况下，它们可能距离陆地数千千米。环礁是环绕在中央潟湖周围的珊瑚环，当被珊瑚礁环绕的岛屿被侵蚀并沉入海洋时，环礁便形成了。它们可能需要3000万年才能形成。

造礁珊瑚生长在世界各海洋不同的深度，最大的珊瑚礁则生长在温暖（26℃～27℃最为适宜）、清澈的浅水（不到50米）中，位于热带和亚热带相对贫瘠的水域，在北纬30°至南纬30°。这些珊瑚礁上的珊瑚虫个体体内寄生着被称为虫黄藻的微小的单细胞藻类，这些藻类需要阳光进行光合作用。虫黄藻产生碳水化合物和氧气，珊瑚虫将碳水化合

上图 生长在昆士兰州惠森迪群岛一座小岛周围的岸礁。岸礁生长在岛屿的岸边，是最常见的珊瑚礁类型。

珊瑚礁每年产值为 300 亿～ 3750 亿美元，主要是通过渔业和旅游业创收。它们还通过吸收波浪能，保护海岸线免受风暴破坏和侵蚀，有时甚至使波浪能减少 97%。据估计，全球超过 5 亿人依靠珊瑚礁获得食物、收入和保护。

物作为食物，而珊瑚则提供保护和藻类光合作用所需的二氧化碳。藻类提供了珊瑚虫所需能量的 90%；珊瑚虫用它们的触须获取剩余 10% 的能量，触须上有刺细胞，称为刺丝囊。正是虫黄藻赋予了大多数珊瑚色彩。

　　珊瑚礁生态系统是世界上最多样化的生态系统之一，拥有来自数千个不同物种的无数生物个体。它们为大约 25% 的已知海洋物种提供食物和庇护所，也是 4000 多种鱼类和大约 700 种珊瑚的主要栖息地。

　　世界珊瑚礁的总面积约为 285000 平方千米，占海底面积的比例不足 1%。按面积算，约 92% 的珊瑚礁位于印度洋 - 太平洋海域。世界上最大的珊瑚礁系统是大堡礁，位于澳大利亚昆士兰州海岸外，由 2900 多个珊瑚礁组成，绵延 2000 多千米，面积约 20 万平方千米。

　　珊瑚礁具有很高的经济价值。据估计，在全球范围内，

上图 许多珊瑚礁不仅为多种多样的海洋生物提供了高产、结构复杂的栖息地，还为沿海地区提供了保护。

// 峡湾

在上一个冰期，巨大的冰川在基岩上雕刻出深深的U型谷。当冰川融化时，海平面上升，海水充满了沿海山谷，形成了我们所说的峡湾。

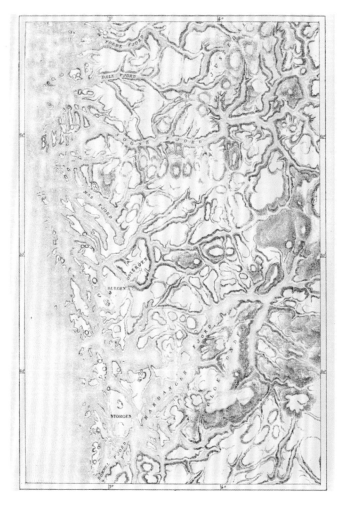

许多峡湾极其深，通常比邻近的海洋要深。它们的最深点通常在内陆尽头，在那里冰川的力量最强大。世界上最深的峡湾是位于南极洲罗斯冰架上的斯凯尔顿湾，它下至海平面以下 1933 米。

峡湾口通常是峡湾中最浅的地方，这是由于在冰川缓慢移向海岸的过程中，砾石和砂在那里沉积形成冰碛。这个浅槛意味着峡湾的水域通常比开阔海域平静，这也是峡湾能成为港口的原因之一。

峡湾是在盛行西风为山脉所迫往上吹的地区形成的，盛行西风把它们携带的水分以雪的形式降到地表，为从山脉中移出的冰川提供补给。因此，现在峡湾数量最多的地区包括挪威西海岸、北美西北海岸、新西兰西南海岸和南美西南海岸等。

挪威拥有近 1200 个峡湾，总长占该国 21000 余千米海岸线的 92%。世界上最长的峡湾位于斯科斯比松，是一个树状的峡湾系统，覆盖了格陵兰岛东部大约 38000 平方千米的面积。该系统中最长的分支峡湾长约 350 千米。

上图 这张 19 世纪的地图展示了挪威南部广阔的峡湾网络。

下图 挪威的盖朗厄尔峡湾，长约 15 千米，是 26 千米长的阳光峡湾的分支，阳光峡湾本身就是长达 110 千米的斯图尔峡湾的分支。斯图尔峡湾深达 260 米，被陡峭的山脉包围。

礁、珊瑚礁和溺湾

礁 峡湾常常伴随着被称为礁的岩石小岛。较小的冰川凿出一系列复杂的纵横交错的冰川谷，留下基岩的遗迹。在峡湾口通常可以找到礁。在挪威的海岸边，有数以千计的礁，它们与海岸之间有宽可达 1600 千米的海峡，由一系列深海峡湾组成。

珊瑚礁 2000 年，科学家们在挪威的峡湾深处发现了大量的冷水珊瑚礁。此后，在新西兰的峡湾中也发现了类似的珊瑚礁。人们认为，珊瑚礁至少在一定程度上对挪威渔场的高生产力有助益。

上图 特隆赫姆峡湾的深水珊瑚。

溺湾 像峡湾一样，溺湾是被上升的海水淹没的山谷。然而，与峡湾不同的是，溺湾是由河流而不是冰川在岩石上雕刻而成的。溺湾通常有树枝状的结构，由流入河中的小支流塑造而成。

上图 挪威勒德于一座岛屿外的礁。

上图 西班牙圣维森特－德拉巴尔克拉的溺湾。

// 海冰

海冰是漂浮在两极海洋表面的冰冻海水。海冰在全球气候中扮演着重要角色，但是随着地球温度的上升，它正以惊人的速度消失。

在风、洋流和温度波动的影响下，海冰的生长、融化、位置变化和形状变化都是动态的。

当海水开始结冰时，就会形成叫作冰针的微小晶体。如果海面平静，这些晶体就会形成半冻结的油脂状冰，然后形成又薄又光滑的冰层，统称为尼罗冰。一旦尼罗冰形成，水就会在其底部结冰，这个过程被称为凝结增长。冰盖相对滑动，形成厚厚的浮冰。在波涛汹涌的海面上，海浪和风使晶体压缩，形成直径可达数米、厚达10厘米的半冻结的饼状冰。它们相互碰撞，有时相对滑动，形成光滑的冰筏，或者在周围形成一个向上翻转的脊。它们可能最终会结合在一起，形成莲叶冰。

附着在海岸线或海底的海冰被称为固定冰；如果它随着风和洋流漂移，就被称为浮冰。直径达20米或20米以上的海冰称为大片浮冰。浮冰群往往比固定冰厚，因为碎片经常相互碰撞，导致浮冰变形。当一块浮冰被迫移动到另一块浮冰上方时，就会形成冰压脊、冰丘和重叠冰。

浮冰群上狭窄的、线性的、动态的开口被称为清沟；它

下图 卫星图像显示了2017年9月北极海冰的最小范围（460万平方千米）。

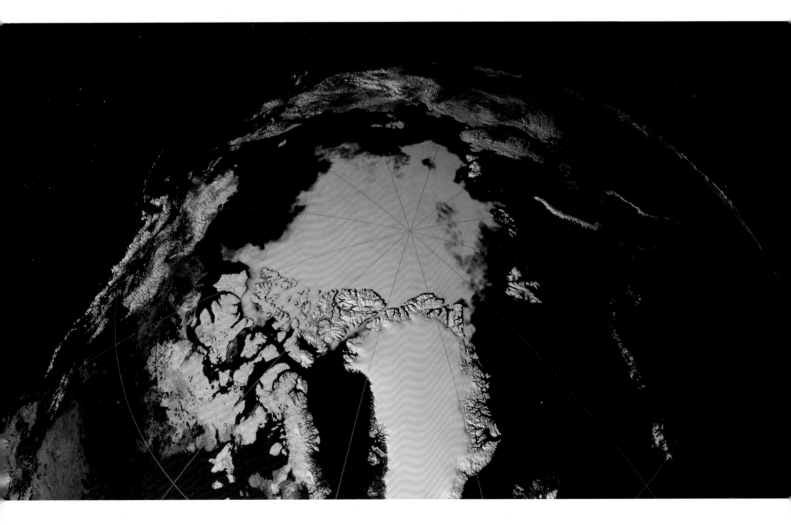

们可以是几米到几千米长，并且不断地形成和消失。上涌的温暖海水和稳定的风，能够在冰形成后就快速地将其带走，常常会塑造出更大、更持久的开口，称为冰间湖。

冰架是延伸到海洋的大陆冰盖的边缘。它们漂浮在海洋中，但起源于陆地。

如果北冰洋的海冰在夏季不完全融化，那么它可能会持续存在很多年。每过一个冬天，它就变得更厚，直到达到最大厚度 3 ～ 4 米；第一年的海冰通常厚 0.3 ～ 2 米。

海洋表面大约有 2500 万平方千米至少在一年的部分时间里被冰覆盖。然而，这个范围会随着季节的变化而扩张和收缩。

过去 30 年来，北极夏季海冰的厚度和范围都急剧变小，全球气候模型表明，在 21 世纪结束之前，可能到 21 世纪中叶，北极至少在一年的部分时间内将无冰。在南极洲，每

上图 斯瓦尔巴群岛附近的莲叶冰。冰块之间的碰撞迫使一些冰块在其他冰块之上移动，并塑造了它们特有的凸起边缘。

年夏天海冰几乎完全融化。

海冰的融化和形成不会影响海平面，因为它已经漂浮在海中，取代了与自身质量相同的水。然而，海冰的减少有可能成为一个强有力的气候反馈（见第 184 页），加速全球气候变暖。海冰有助于保持两极地区的凉爽和干燥，它起到隔热层的作用，减少蒸发，防止热量从水中逸出。通过限制大气和海洋之间的热量交换，海冰对全球气候产生了深远的影响。在降低邻近大气的温度的过程中，海冰增加了热带、亚热带和极地之间的气温差，从而影响了大气环流模式（见第 170 页）。

大气

　　我们周围的大气并非肉眼可见的，但是，没有周围的大气，地球将变成一个与现在的地球完全不同的地方。地球周围相对较薄的气体覆盖层被称为大气层。大气层从地表延伸到约10000千米的高空，在几个方面为地球上生命的存在提供支撑：大气形成一层隔热层，帮助地球保持温暖，同时防止昼夜温度出现极端差异；大气保护我们免受太阳产生的大多数破坏性紫外线辐射；大气中包含我们呼吸的氧气和植物生长所需的二氧化碳。大气也是天气出现变化的地方，在水循环和碳循环中扮演着重要的角色。大规模的大气运动在全球热量循环中起着中心作用，并最终决定了任意特定地区的气候。从地球表面看，大气层可能看起来非常巨大，人类能够对其产生的影响微乎其微；然而，人类活动已经对大气层产生了重大的负面影响。燃烧化石燃料所释放的二氧化碳正在使地球变暖，全球气候模式发生变化，同时工业污染破坏了具有保护作用的臭氧层。

地球周围的气体覆盖层有助于我们远离极端温度，同时支撑地球上的生命。

// 大气层

由于地球引力的作用，被称为大气层的气体覆盖层保护和支撑着地球上的生命。

左图 在地球表面以上约100千米的地方，大气最终会逐渐消失，这一分界线被称为卡门线，但大气质量的大约98%集中在大气层底部的30千米范围内。

发生重大变化，因为光合作用的副产品就是氧气。早期的氧气大部分很快被矿物质（尤其是铁）的氧化所消耗，但是大约21亿年前，氧气在大氧化事件中开始积聚。到大约15亿年前，大气中氧气的浓度已稳定在15%以上，更复杂的生命形式开始出现。从那时起，大气中氧气的浓度一直在波动，在2.8亿年前达到30%左右的峰值，然后下降到当前的21%。

水蒸气在整个大气层中所占比例很小，在调节大气温度方面却发挥着重要作用，吸收了太阳辐射和来自地球表面的热辐射。大气中还有许多气溶胶物质，包括有机和无机粉尘、花粉和孢子、海浪带来的盐和火山灰等。这些气溶胶在云的形成中起着重要的作用（见第148页）。

大气的总质量约为 5.14×10^{18} 千克，其中约 1.3×10^{16} 千克是水蒸气。大气质量的大约98%集中在大气层底部30千米范围内。

随着海拔的升高，大气变得越来越稀薄，最终在距离地球表面约100千米的地方消失，这一分界线被称为卡门线。不同气体的相对浓度在地球表面以上约10千米的高度以下保持不变。

气压，大气层中特定点上空空气的重力产生的压强，随地点和天气而变化。海平面的平均气压为101325帕斯卡，有时也称为标准大气压。

在近地面，大气温度由三个物理过程决定：辐射、传导和对流。许多因素，例如风、湿度、地表（例如陆地或水）等的物理特性和光照强度，都会产生进一步的影响，决定这三个物理过程的相对贡献。传统上，辐射分为直接来自太阳的短波辐射和地球表面及大气层本身发出的长波辐射。

大气产生的压力使得水以液体形式存在于地球表面。大气还吸收有害的太阳紫外线辐射，通过保持热量使地表保持温暖，并减小昼夜温差。

如今，按体积计算，干空气中含有78.09%的氮气、20.95%的氧气、0.93%的氩气、0.04%的二氧化碳和少量其他气体。原始地球周围的大气与如今不同，主要由氢气组成，其他最有可能存在的气体是氢化物，如水蒸气、甲烷和氨等；其次是火山喷发和大型小行星到来时释放出的气体（主要是氮气和二氧化碳）；大约34亿年前，氮气组成了大部分的大气层。

随着最初生命形式的进化和光合作用的出现，事情开始

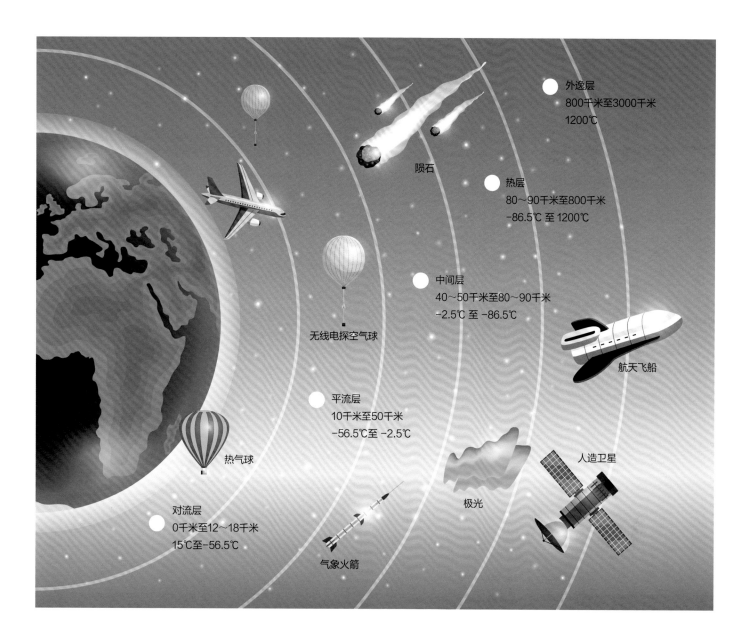

外逸层
800千米至3000千米
1200℃

陨石

热层
80~90千米至800千米
-86.5℃至1200℃

中间层
40~50千米至80~90千米
-2.5℃至-86.5℃

航天飞船

无线电探空气球

平流层
10千米至50千米
-56.5℃至-2.5℃

人造卫星

热气球

极光

对流层
0千米至12~18千米
15℃至-56.5℃

气象火箭

如果云层存在，或者地球表面被冰雪覆盖，大部分来自太阳的短波辐射会被反射回太空，但有些会因为被大气气体吸收而使大气增温，有些则会使陆地和海洋表面增温。然后，大气层和地球表面以长波辐射的形式释放部分热量，这些热量被大气层中的温室气体（主要是水蒸气和二氧化碳）吸收，并以长波辐射的形式被重新释放到大气中。这就是在晴朗的夜晚地球表面冷却得更快的原因。

穿过大气层的光被气体分子散射。较短的（蓝色）波比较长的（红色）波更容易被散射，因此天空呈现蓝色。日落呈现红色是因为太阳光需要穿过更厚的大气层，所以大部分的蓝色光和绿色光被移除了。

上图 地球的大气层是分层的。科学家根据温度和成分等特征将其分为五个层次（从最低到最高）：对流层、平流层、中间层、热层和外逸层。温度和高度之间的关系是复杂的，随着高度的增加，温度上升、下降或保持不变，这取决于离地面的距离；各层的上下边界分别对应温度的最低值和最高值。

人类活动通过排放污染物改变大气，尤其是自工业革命以来更为明显。二氧化碳和甲烷等温室气体的排放导致地球大气层升温，而氯氟碳化物的排放导致臭氧层明显变薄。

// 对流层

对流层是地球大气层的最低层，是一个潮湿、湍动的区域，地球大部分的天气系统存在于此。

对流层的质量约占大气层总质量的 75%，大气层中 99% 的水蒸气存在于对流层。对流层与大气层的另一个主要层次（平流层）之间被一层叫作对流层顶的薄薄的空气隔开。对流层顶是一个过渡层，在它之下，气温随高度增加而降低；在它之上，气温随高度增加而升高。在对流层顶内，根据纬度的不同，气温在 −45℃ 和 −80℃ 之间大致保持不变。对流层和平流层之间几乎没有混合。急流（见第 174 页）发现于对流层顶内或其下方。

对流层在两极最薄（约 6 千米），在赤道最厚（约 18 千米）。对流层的高度也取决于季节：在寒冷的月份高度较低。对流层高度随纬度和季节变化，是因为当空气和陆地温度较低时，对流较少。

在对流层内，温度、压力和大气中的水蒸气都随着高度增加而迅速减少。气温下降的速度称为环境直减率，高度每增加 1 千米，气温下降 6℃。对流层中水蒸气的浓度也随纬度变化而变化——在热带地区最高，可接近 4%，在两极则降至最低。

对流层在不同地区吸收的太阳辐射并不均匀（赤道多于

奋进号航天飞机准备与国际空间站在智利南部海岸的南太平洋上空对接。这里看到的橙色层是对流层。

两极），这种不均匀驱动着大规模的风力模式在全球输送热量和水分（见第 170 页）。

当阳光进入大气层时，其中一部分会立即被（主要是被云、雪和冰）反射回太空，其余部分到达地球表面，在那里被吸收，然后以长波辐射的形式重新发射回对流层。对流层中的温室气体，包括二氧化碳、甲烷和水蒸气等，吸收了这些长波辐射并将其中的大部分释放回地球（见第 182 页）。

对流层的最低层被称为大气边界层。它的高度从几百米到 1.5 ～ 2 千米不等，取决于地形和一天中所处的时间。在这一层，大气与地球表面的摩擦影响气体运动，这一层的气

上图 砧状云是一种积雨云，在云中上升的空气到达对流层顶的时候形成。在对流层顶，强烈的逆温阻止空气进一步向上运动，云的顶部变平并扩展成砧状。

温是对流层中最高的，由下面的潜热（物质改变其物理状态而不改变其温度时吸收或释放的热量）、长波辐射和感热（在不伴随水的相变的情况下，有温差存在时物质间可输送或交换的热量）加热。对流，即热空气的膨胀和上升，控制着气体在这层的运动方式，维持着从地表温暖到高空寒冷的垂直温度梯度。

// 平流层

如果你要离开地球，必须穿过平流层，它是大气层的第二层，是臭氧层的保护层。

平流层位于对流层和中间层之间，距离地球表面10～50千米。平流层的上界被称为平流层顶。

地球大气层质量的大约10%在平流层中。平流层顶的空气十分稀薄，气压大约是海平面上空气的0.1%。

水蒸气在平流层中极为稀少。所有进入平流层的空气都必须通过对流层顶，那里极低的温度基本上冻结了所有的水。然而，高积雨云的顶端偶尔也会通过对流层顶上升到平流层。在冬季，极地平流层云（也称珍珠云）有时也会出现在两极的平流层下部。它们是在15～25千米的高度形成的，该高度范围内的温度已降至－78℃以下。极地平流层云通过促进某些破坏臭氧的化学反应，在臭氧层空洞的形成中发挥了作用（见第136页）。

与对流层不同，平流层的温度随高度的增加而上升。在下部靠近对流层顶的地方，温度接近－50℃，在平流层顶上升到－10℃左右。这是由于臭氧层的存在。

臭氧集中在距离地球表面约25千米的高度。臭氧的形成过程具有持续破坏性，导致极少的空气温度升高。臭氧浓度越大，温度越高。

平流层内的温度梯度和层次非常稳定，很少发生对流和混合。当大型火山喷发和超级单体雷暴达到平流层高度时，就会出现例外。

由于平流层几乎没有垂直对流，任何进入平流层的物质都会在那里停留很长时间。这包括破坏臭氧层的氯氟碳化物和大型火山喷发喷出的气溶胶，这些物质都会对气候产生重大影响。

缺乏垂直对流也意味着

上图 挪威上空的极地平流层云。冬季，平流层下部形成的这种云可能由过冷的水滴、硝酸、硫酸或冰晶等组成。

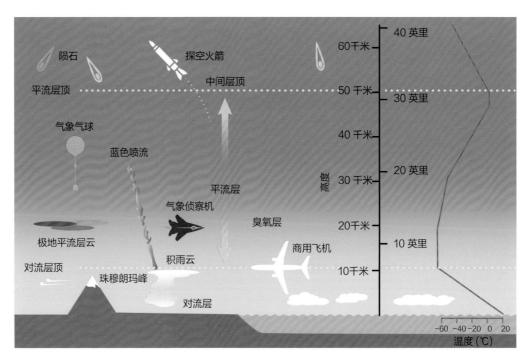

上图 平流层在地球表面上方10～50千米的范围内延伸。该层内空气的温度随着高度的增加而上升。

平流层中的湍流很少。在对流层上层吹拂地球的急流几乎无法扰动平流层（见第 174 页）。尽管如此，平流层确实有自己复杂的风力系统，风速可以达到 220 千米 / 时；然而，猛烈的风暴不会发生在平流层。

上图 1991 年菲律宾皮纳图博火山喷发的将近 2200 万吨二氧化硫喷射到平流层，导致全球气温下降约 0.5℃。

// 臭氧层

在平流层中有一层对地球上的生命特别重要的气体：臭氧层。

臭氧是一种含有三个（而不是更常见的两个）氧原子的氧分子。在地面上，臭氧是一种空气污染物（它是光化学烟雾的主要成分之一），但在平流层中，它充当着地球的防晒霜，保护地球不受来自太阳的紫外线辐射的伤害。臭氧层吸收了大约 98% 的紫外线辐射。

平流层臭氧的形成过程是紫外线将普通氧分子 (O_2) 分解成单个氧原子（原子氧），然后氧原子与其他完整的氧分子结合形成臭氧 (O_3)，这个过程会释放热量。臭氧分子不断被破坏和自然重组，这两个过程都由紫外线触发。

臭氧在大气层中非常罕见；在臭氧层内部，其体积分数小于 10×10^{-6}，而整个地球大气层中臭氧的体积分数大约为 0.3×10^{-6}。大气中大约 90% 的臭氧存在于平流层。

臭氧层的厚度随季节和纬度的变化而变化，但它通常位于平流层的较低部分，距离地球表面 15 ～ 35 千米。大多数臭氧在热带地区上空形成，然后被平流层的风吹向两极。一般来说，臭氧层在赤道上空更薄，在两极上空更厚。这种变化是由大气环流模式和太阳辐射强度共同导致的。

下图 臭氧层阻挡了所有有害的UV–C（短波紫外线）辐射，同时让一些危害较小的UV–B（中波紫外线）辐射和所有UV–A（长波紫外线）辐射到达地球。

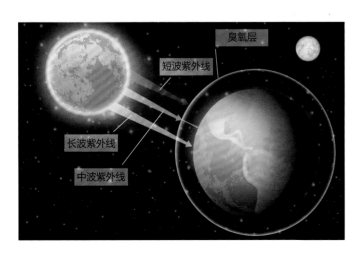

下图 这张地球大气的横截面图是根据美国国家航空航天局的 Suomi NPP 卫星探测所得的，以红色和橙色表示臭氧层。

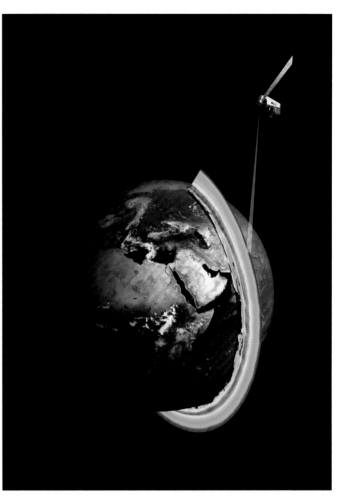

臭氧空洞

1976年，大气科学家发现臭氧层正在变薄；从那时至今，全球臭氧水平下降了约 4% 。造成这种现象的最主要原因是工业化学物质氯氟碳化物。氯氟碳化物漂浮到高层大气中，最终被紫外线分解，释放氯原子，然后与臭氧反应，使臭氧分子剥离一个氧原子。氯原子最终与含氢化合物反应生成盐酸，盐酸是水溶性的。因此，盐酸以水滴或冰晶的形式从大气中析出。在氯从平流层中流失之前，一个氯原子可以破坏超过 10 万个臭氧分子。

这个问题在两极尤其严重，那里每年春天都会出现"空洞"（严格来讲，它们不是空洞，而是臭氧层十分稀薄的地方）。当有冰晶存在时，氯氟碳化物会更快地分解，这就是为什么臭氧空洞位于两极上方；南极上方的臭氧空洞特别大，因为南极上空的冰云更常见。

下图 南极上空的臭氧空洞。1979 年，南极臭氧水平有记录以来首次下降到 200 多布森单位（多布森单位是用来度量大气中臭氧柱尺度的单位）以下。在 2008 年南半球的春天，它们达到了有记录以来的最低水平，只有 100 多布森单位，但是随着氯氟碳化物禁令落实到位，臭氧水平正在慢慢恢复正常。然而，臭氧层的全面复苏预计要到 2040 年才会出现。

虽然根据 1987 年《蒙特利尔议定书》谈判达成的氯氟碳化物生产全球禁令使臭氧层开始恢复，但氯氟碳化物在大气中可以存在一个世纪以上，因此，臭氧层可能要到 21 世纪中叶才能恢复到 1980 年的水平。

臭氧与地球上的生命

一些科学家认为，臭氧层对地球上生命的进化至关重要。大约 20 亿年前，地球大气中氧浓度的上升导致臭氧积聚，屏蔽了当时处于致命水平的 UV-B（中波紫外线）辐射，从而促进了生命从海洋向陆地迁移。

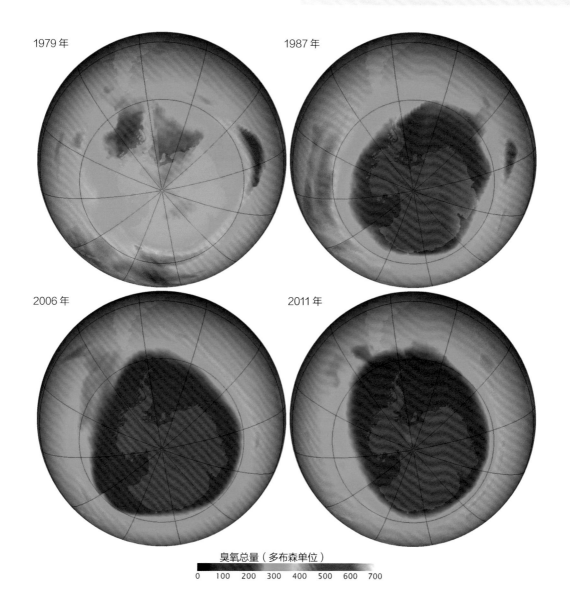

1979 年

1987 年

2006 年

2011 年

臭氧总量（多布森单位）

0   100   200   300   400   500   600   700

// 中间层、热层和外逸层

在地球大气层外层的三层中，大气层逐渐变薄，直到最终与外太空融合。

双子座流星在中间层燃烧时，会在夜空中留下一道道光芒。

中间层

中间层位于平流层之上，距离地球表面 50 ～ 85 千米。其上下边界随纬度和季节变化而变化：冬季和热带较高，夏季和两极较低。在中间层的底部，气压大约是海平面的千分之一；在其顶部，气压大约是海平面的百万分之一——实际上接近真空。

与对流层一样，在整个中间层，温度随高度的增加而降低。在地球大气层中发现的最低温度（低至−90℃）出现在中间层顶，即中间层的上界。存在于中间层的少量大气受到从对流层和平流层而来的携带能量的风、波浪和潮汐的影响。

中间层是流星出现的地方——每年进入大气层的数百万颗流星中的大部分由于与气体分子碰撞而在中间层蒸发，因此中间层中铁和其他金属原子的浓度相对较高。留下的物质形成流星烟。

中间层偶尔也会出现夜光云，这种云只有在黄昏时才能看到，实际上是由两极附近的中间层中的水蒸气凝结成冰晶后形成的，可能是围绕着流星烟形成的。类似于闪电的放电，被称为闪电精灵，偶尔也会出现在中间层，位于对流层中雷雨云的上空。

中间层很难研究，因为它对于气象气球和动力飞机来说太高了，对于轨道卫星来说又太低了。

热层

热层是大气层中最厚的一层，位于中间层之上。它从地球上空约 90 千米延伸到 500 ～ 1000 千米。热层的上限（热层顶）根据太阳活动的活跃度而变化：当太阳活动特别活跃时，热层温度升高并膨胀，导致热层顶向上移动。

大多数撞击地球的高能太阳辐射（X 射线和极端紫外线辐射）被热层吸收。因此，热层温度随高度增加而上升，并高度依赖于太阳活动，在太阳活动不活跃的时期，温度约为225℃，而在太阳活动较为活跃的时期，温度则为 2000℃或更高。在较低的热层，在高度 200 ～ 300 千米以下，温度随着高度增加迅速上升，然后趋于平稳并保持相对稳定。由于太阳辐射的影响，白天的温度通常比晚上的温度高200℃。然而，由于热层中的空气非常稀薄，通常意义上的温度并没有多大意义，因为气体分子和原子之间的碰撞非常罕见，几乎不存在热量输送。

与中间层一样，热层的稀薄大气受到来自对流层和平流层的风、波浪和潮汐的影响。

尽管热层中仍有足够的大气使气体分子和原子相互碰撞，但这种情况很少发生，而且这些气体因为它们所含化学元素的类型不同而会出现不同程度的分解。在热层上部，原子氧、原子氮、原子氢和原子氦等是大气的主要成分。

外逸层

外逸层是地球大气层的最上层，在那里它逐渐消失在太空的真空中。根据太阳活动活跃度的不同，外逸层底部的高度在 500 ～ 1000 千米。在这个高度以上，大气温度接近恒定的 1225℃。

对于外逸层是否构成地球大气层的一部分存在分歧，一些科学家认为它只是太空的一部分。外逸层逐渐消失在外太空，因此没有明确的上边界，但一般认为它高出地球表面800 千米。

外逸层中的空气非常稀薄，以至于气体分子和原子（主要是氢、氦、氮、氧和少量二氧化碳）之间的碰撞非常罕见。通常，它们沿着弯曲的轨道绕地球运动，最终要么在重力的影响下回到低层大气中，要么，如果它们的运动速度足够快，飞向太空。

许多卫星的轨道位于外逸层或外逸层以下。外逸层残存的大气足以对这些卫星产生微小的阻力，导致它们减速并最终脱离轨道。

下图 从国际空间站看到的被初升的太阳照亮的极地中层云。

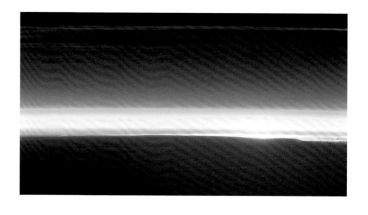

// 均质层、非均质层和电离层

大气也可以根据气体混合的程度以及太阳光对气体原子的影响进行划分。

均质层和非均质层

除了前面讨论的五个层次之外，地球的大气层还可以根据气体的混合程度和均匀程度分为两个主要区域。这两层中较低的一层称为均质层。这里的大气主要受湍流混合影响，这确保了它的成分大体是均匀的，与高度无关。

均质层的上限被称为湍流层顶，位于中间层顶上方，高度约为 100 千米。在此之上的区域称为非均质层。在这里，分子扩散占主导地位，大气的化学成分随高度变化而变化，这取决于不同气体的原子量，氧和氮仅存在于较低层，而仅氢存在于较高层。

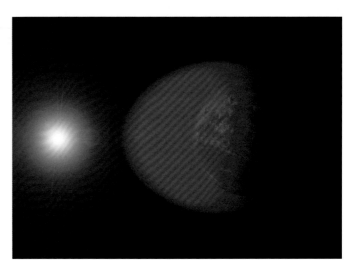

上图 电离层因太阳光的照射而膨胀。

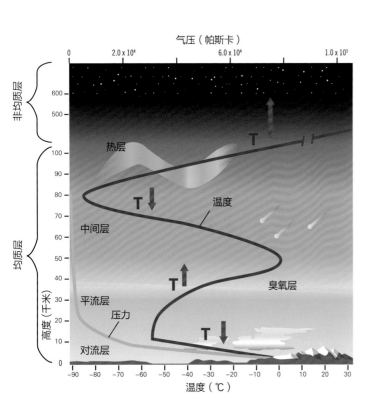

上图 均质层是大气层中以湍流混合为主导的一层，从地表向上延伸约 100 千米。在这之上是非均质层，在那里，分子扩散控制着大气的化学成分。

电离层

电离层位于地球的上层大气层，从中间层的上半部分穿过热层延伸到外逸层的下半部分——离地面 80 ～ 1000 千米。在这里，极端紫外线辐射和 X 射线太阳辐射使大气中原子和分子的电子电离形成离子。电离层十分重要，因为它影响无线电信号的传播，从而影响它们的传播距离。

离子和自由电子的浓度取决于撞击大气层的太阳辐射量，因此白天电离层中充满了带电粒子。在夜间，离子与被置换的电子重新结合，它们各自的浓度下降，导致电离层以天为周期出现和消失。电离还具有季节效应，电离在夏季达到高峰，在冬季降到低谷。最后，离子密度随着太阳活动的 11 年周期而波动；太阳耀斑以及与之相关的太阳风和地磁暴的变化也会影响电离量。

电离层本身可以分为三层：D 层、E 层和 F 层。在大气层的其他部分，各层的厚度随着昼夜、季节和纬度的变化而变化。最低层 D 层位于地球表面以上 60 ～ 90 千米。由于离子复合率高，在这一层的中性空气分子比离子多。D 层吸

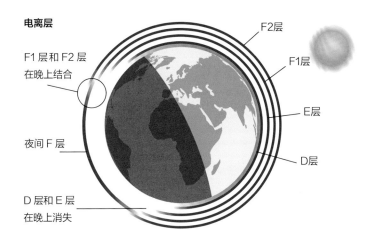

电离层

F1 层和 F2 层
在晚上结合

夜间 F 层

D 层和 E 层
在晚上消失

F2层

F1层

E层

D层

上图 白天和晚上的电离层。

上图 从国际空间站看到的电离层和极光。

收中频和低高频无线电波，特别是 10 兆赫及以下的无线电波。这种影响在白天更大，可以导致远方的调幅无线电台在白天消失，然后在夜间重新出现。

E 层是中间层，位于距离地球表面 90 ～ 150 千米的高度。像 D 层一样，E 层在夜间变弱，其最强的区域出现在更高的空中。E 层通常反射频率低于 10 兆赫的无线电波，但当 E 层特别强时，它可以反射频率高达 50 兆赫或更高的无线电波。

F 层从地球表面以上约 150 千米延伸到 500 多千米。电子密度在这一层达到峰值。在晚上，F 层仅由 F2 层构成；

然而，在白天，第二层，即较弱的 F1 层通常会形成。由于 F2 层始终存在，它主要负责无线电波的折射和反射。

电离层上部与磁层下部重叠，磁层下部是带电粒子与地球和太阳的磁场相互作用的区域。极光就是在这里形成的（见第 180 页）。

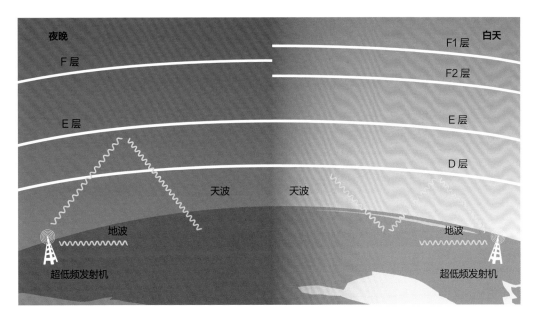

夜晚

F 层

E 层

天波

地波

超低频发射机

白天

F1 层

F2 层

E 层

D 层

天波

地波

超低频发射机

左图 白天，超低频无线电波被电离层的D层反射回来。到了晚上，D层消失了，它们被更高处的E层和F层反射，这意味着它们会传播得更远。

// 气候

某一特定地区的大气条件决定了该地区的气候，即该地区的平均天气状态，从而塑造了全球动植物群落。气候与天气是不同的。天气是我们在短期内所经历的，气候是一个地区长期经历的。两者之间的差异可以用这样一句话来概括："气候是你所期望的状态，天气是你所看到的状态。"

气候往往被描述为天气的平均状态，但它其实远不止于此。气候包括平均天气状态以及各种与天气有关的现象的极端范围、变化和频率，这些现象需长期观测，观测时长从几个月到几百万年不等。在讨论现代气候时，通常以 30 年的时间段为对象——这个时间段足以过滤掉逐年变化和异常现象，也可以辨别出较长时间段的气候趋势。通常观测的气象变量包括温度、湿度、气压、风和降水等。

下图 全球植被卫星图像。气候是特定地区植被数量和类型的主要决定因素。

气候通常会在相对较大的时间尺度上发生变化——几千年到几十万年，但是由于洋流或火山活动的变化，气候变化会加快。其中一些变化发生在有规律的周期中，例如，受太阳辐射或地球轨道形状的改变驱动的变化。然而，自工业革命以来，全球气候变化相对较快，主要是由于人类活动释放的温室气体在大气层中积聚（见第 182 页）。

一个特定地点的气候是由多个因素决定的，包括纬度、当地地形和植被覆盖、海拔、水陆比例、与大型水体的距离及水体的温度。纬度是一个因素，因为它影响到太阳光照射地球的角度，而这又反过来影响到太阳辐射

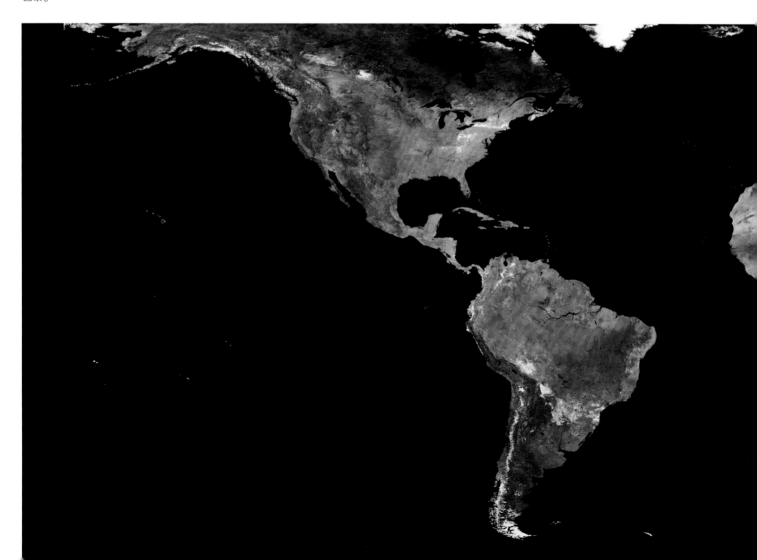

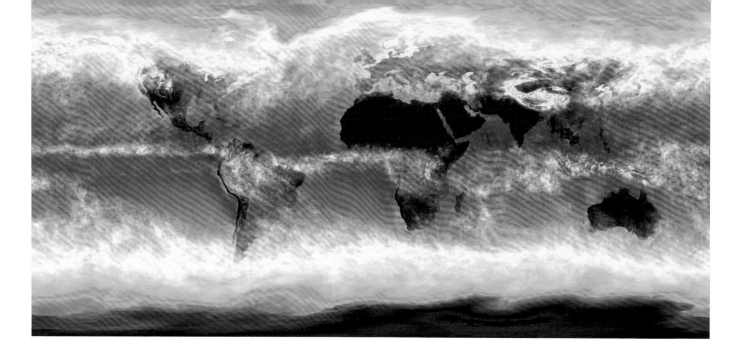

上图 全球温度分布图。纬度对一个地区的温度的影响是显而易见的，对南北纬15°到30°范围内环绕地球的高压带的影响也很大，在这些地方可以观测到全球最高的温度。

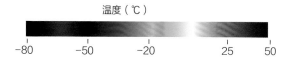

温度（℃）

-80 -50 -20 25 50

的强度，从而影响到当地的温度。风和温度在 − 80℃、− 50℃、− 20℃、25℃、50℃的洋流也对一个地区的气候有重要影响，因为它们输送热量和水分，而且往往是风暴的前驱。

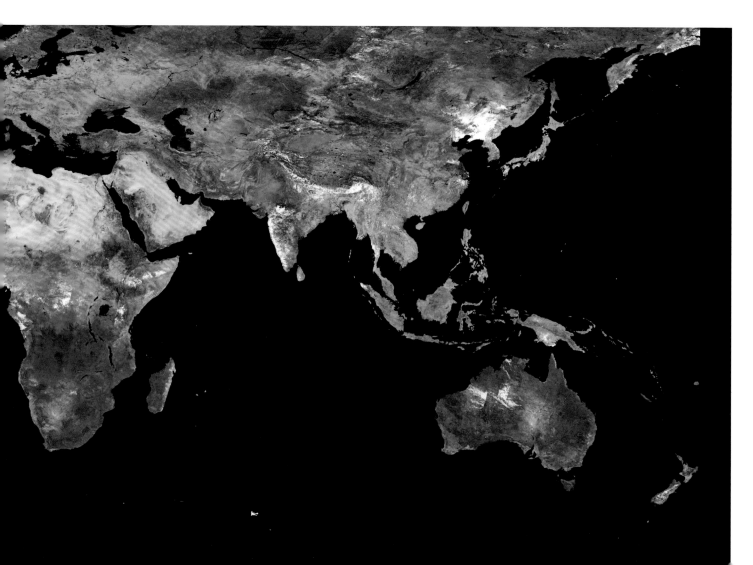

// 气候带

地球可以根据地方气候的性质划分成不同的区域。

世界上最常用的气候带分类法是由德国气候学家和业余植物学家柯本（1846—1940）提出的。根据植被类型、降水量和温度的组合，柯本系统将全球划分为五个主要气候带。这五个气候带分别对应大写字母 A 到 E，并根据温度、降水量和降水季节被分为几个亚类。例如，Af 表示热带雨林气候，Dwa 表示温带大陆性气候——冬季干燥，夏季炎热。

在大多数情况下，不同的气候带位于特定的纬度带，在大陆上位置相似。唯一的例外是大陆性气候，这种气候在南半球的高纬度地区不存在，因为那里没有足够大的大陆板块形成大陆性气候。

热带气候（A）：温度很高，但并不极端，通常在 25℃～35℃，季节变化很小；月平均温度为 18℃或更高。昼夜长短也没有什么变化。热带的降水量通常很大，湿度也很大。该气候类型分为热带雨林气候、热带季风气候和热带草原气候。

干旱气候（B）：年降水量偏低。分为热沙漠气候、冷沙漠气候、热半干旱草原气候和冷半干旱草原气候。频繁出现的雾也是该气候带的特征之一。

温带气候（C）：一般气候温和，夏季炎热，冬季凉爽。在该气候带可体验四个不同的季节。最冷月的平均温度在 0℃～18℃，至少一个月的平均温度在 10℃以上。根据降水模式（干燥的冬季或夏季，或所有季节的显著降水）和夏季温度（炎热、温暖或凉爽）进行亚类划分。

大陆性气候（D）：夏季热，冬季冷。至少有一个月的平均温度低于 0℃，至少有一个月的平均温度高于 10℃。顾名思义，这类气候通常出现在大陆的内部。由于南半球中纬度地区陆块较小，它们在南半球很少见。亚类在温带、亚寒带基础上再划分。

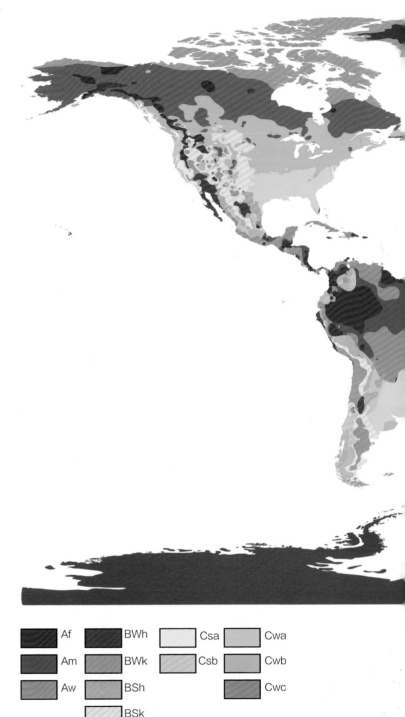

图例：
Af BWh Csa Cwa
Am BWk Csb Cwb
Aw BSh Cwc
BSk

寒带气候（E）：极度寒冷，月平均温度从未超过 10℃。分为苔原气候（月平均温度在 0℃～10℃）和冰盖气候（月平均温度从未超过 0℃）。

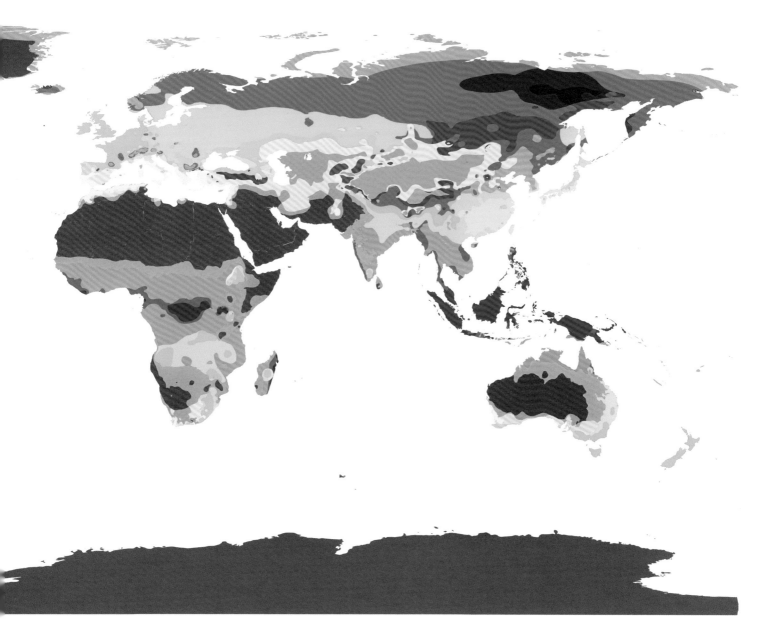

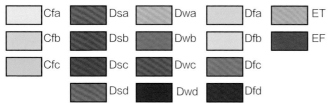

	Cfa		Dsa		Dwa		Dfa		ET
	Cfb		Dsb		Dwb		Dfb		EF
	Cfc		Dsc		Dwc		Dfc		
			Dsd		Dwd		Dfd		

上图 在世界地图上呈现的柯本–盖格气候分类，这是由气候学家鲁道夫·盖格在1961年版柯本分类法的基础上更新的版本。

生物群区

科学家还将全球划分为生物群区——相似生存环境中的生物群落具有共同的特征。例如，生活在沙漠生物群区中的生物，无论它们在哪个大陆的沙漠中，都会有某些相似之处。其他生物群区包括热带雨林、草原、大草原和苔原等。

// 水循环

地球上的水在地表和大气之间的连续运动被称为水循环，水循环是由太阳能驱动的。

简单地说，水循环或水文循环可以分为三个过程：蒸发、凝结和降水。太阳能使液态水蒸发，也就是说，水从液态变成气态（水蒸气）。水蒸气的密度小于氮气和氧气（大气的主要成分），因此潮湿的空气往往上升。在上升的过程中，水蒸气冷却下来，最终凝结成水滴。这些水滴通常聚合而形成云。在云中，水滴不断融合，直到它们变得足够大，以降水的形式从天空降落，降水形式可能是雨、冰雹、雨夹雪或者雪。这些水回到地表后，最终会蒸发，然后循环再次开始。

在实践中，其他现象也会发挥作用。例如，冰有时可以通过一个叫作升华的过程直接变成水蒸气，而水蒸气可以凝结成冰——这个过程叫作凝华。植物通过叶片蒸腾作用将水蒸气释放到大气中，这部分水蒸气占大气中水蒸气的10%左右。水蒸气也可以通过凝结以露水的形式直接转移到土地上。

水循环之所以存在，是因为地球的轨道将其置于"宜居带"内，与太阳的距离刚刚好，自转周期刚刚好，使地表平均温度保持在14℃～15℃。这意味着水可以以固态、液态和气态三种状态存在于地球上。

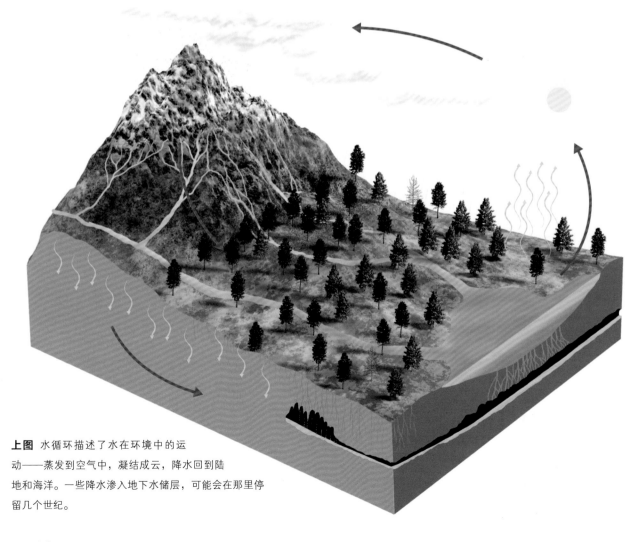

上图 水循环描述了水在环境中的运动——蒸发到空气中，凝结成云，降水回到陆地和海洋。一些降水渗入地下水储层，可能会在那里停留几个世纪。

每年大约有 50 万立方千米的水以降水的形式来到地球表面，其中大约 80% 汇入海洋。据估计，进入水循环的蒸发的水约有 86% 来自海洋。在任意特定时间，大气中的水量大约为 12900 立方千米——足以覆盖地球表面 2.5 厘米的深度。在全球范围内，蒸发量大致等于降水量，因此随着时间的推移，大气中的水量大致保持不变。

热量通过气候系统在全球循环，水循环在其中起着中心作用。蒸发导致附近地区温度下降，而凝结导致附近地区温度上升。这些热量交换对气候有重大影响。因为大部分的蒸发发生在海洋表面，它使海洋表面的水冷却下来。潜热转移到水蒸气中，在水蒸气凝结时被释放出来。

云层也在调节地球气候系统方面发挥着重要作用，因为云层可以反射或吸收太阳光。蒸发可以净化水，因为水中的任何物质在水变成水蒸气时都会留下。

水在不同的地方停留的时间长短不一，例如大气、海洋、冰盖、含水层、湖泊、河流等，它们被称为水库。水在不同水库中停留的时间差别很大，水只在大气中停留大约 9 天，但在含水层中可以停留 10000 年，南极的一些冰可以追溯到约 600000 年前。

气候变化的影响

水循环在气候变化的形成和影响中发挥着核心作用。水蒸气是地球上的主要温室气体之一，水循环与决定地球气候的大气、海洋和陆地之间的能量交换密切相关。

全球气候变暖已经改变了蒸发率、降水模式、云的形成和冰的融化，水循环也因此发生了变化。特别是降水在一些地方变得更加强烈，而在其他地方则变得更加罕见，进而导致洪水和干旱增加。在一些地方，降水的形式更多的是降雨而不是降雪，这种情况加速了冰川的退缩，由于气温上升，冰川已经开始融化。

下图 夏天，英国乡村上空的云层落下了雨。

// 云

云是微小水滴和冰晶的不断变化的巨大集合，在水循环中扮演着至关重要的角色，在白天，云保护我们免受太阳带来的酷热；在晚上，云保护我们免受寒冷之苦。云以这种方式守护着地球上的生命。

水蒸气凝结成可见的水滴或冰晶就形成了云。这种情况只有在空气中的水蒸气饱和时才会发生，也就是说，空气中含有足够多的水蒸气。空气的温度决定了它能容纳多少水蒸气：一般来说，空气的温度越高，它能容纳的水蒸气就越多。因此，要使空气中的水蒸气达到饱和，要么通过增加空气的含水量（例如蒸发），使空气不能再容纳额外的水蒸气，要么通过冷却空气使其温度达到露点，让水蒸气开始凝结。

通常，当空气在大气层下部上升并由于气压下降而膨胀时，云就会形成。膨胀引起的空气能量损失使空气冷却。空气每上升 100 米，根据湿度的不同，温度会降低约 1℃；潮湿的空气可能降温较慢。因此，空气的垂直上升导致它能容

纳的水蒸气变少，进而导致水蒸气凝结。然而，水蒸气的凝结需要其他一些东西来促进。微小的尘埃、烟雾和海盐粒子，也就是云凝结核，起着这种作用。

云中的水滴直径约为 0.01 毫米；在云中，每立方米空气包含约 1 亿个水滴。由于水滴极其微小，在－30℃的低温下，水滴可以保持液态。当水滴在低于正常冰点的情况下仍然保持液态时，它们被称为过冷云滴。它们小巧的体积也使得它们非常轻，能够悬浮在高空中。

大多数云在对流层形成，也有少数云在平流层和中间层形成。在冬季，极地平流层云形成于平流层的最低层，高度为 15 ～ 25 千米，而极地中间层云（夜光云）形成于 80 ～ 85 千米的高空。在温度极低的对流层高处形成

澳大利亚维多利亚州东吉普斯兰，大分水岭上空同时出现淡积云和积雨云。

的云是由直径可达 0.1 毫米的冰晶组成的。

云是白色的，因为云中的水滴散射了光谱中所有的颜色，且散射量大致相同，所以太阳发出的白光从云中射出时仍然是白色的。当云变得足够厚，可以阻止光线穿过时，它们就会变成灰色的，形成一个模糊的外观。当水滴凝聚并在云中生长时，它们之间的空间就会变大，从而使光线能够更深地穿透云。水滴吸收光线的能力也变强，因此散射的光线更少，使云看起来更暗。

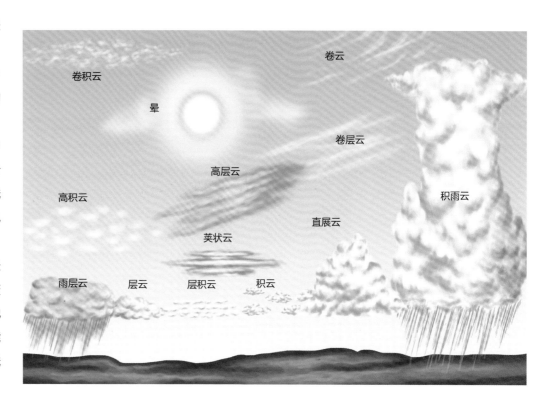

上图 根据云的物理形态和高度，它们通常被划分为不同的类别。云的四种主要类型是积云（堆积状）、层云（层状）、卷云（线状、毛状或卷曲状）和雨云（蓄雨）。

// 降水

从云中降下的水，无论是液态的还是固态的，都被称为降水，降水在全球水循环中起着重要作用。

降水有多种形式，包括毛毛雨、雨、雨夹雪、雪、冰丸、冰针、霰和冰雹等。有时，不同形式的降水同时进行。雨是最常见的降水形式。降雨量通常以毫米量度，1毫米的降雨量相当于每平方米1升水。降雪量通常以厘米为单位。

落入暖空气中的雪融化成雨 ｜ 落下的雨碰到冷空气，当它到达地面时结成冰 ｜ 雪在冷空气中下落时先融化，然后再部分重新凝固，形成冰雹 ｜ 落入冷空气的雪在下落过程中不会融化

全球每年大约有505000立方千米降水。全球年平均降水量为990毫米，陆上年平均降水量为715毫米。

降雨事件的强度和持续时间通常是相反的：短时间暴雨或较长时间小雨。零星地带短暂而强烈的降雨称为阵雨。在任意地方，年降水量的很大一部分集中在短短几天内——通常在降水最多的12天内达到年降水量的一半左右。热带气旋路径上的地区的降水量可以在几天内达到几乎一年的降水量。

下图 当水滴和冰晶在积雨云中反复循环时，会形成冰雹。在强烈的上曳气流的作用下，它们会逐渐积聚起一层层的冰，然后再次落下，这一过程又重新开始了。最终，它们由于变得太重而落到地面上。

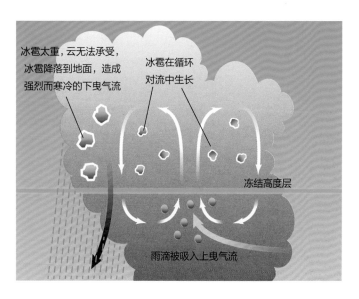

冰雹太重，云无法承受，冰雹降落到地面，造成强烈而寒冷的下曳气流

冰雹在循环对流中生长

冻结高度层

雨滴被吸入上曳气流

上图 冬季降水的形式很大程度上取决于云下方空气的温度。如果空气是温暖的，落下的冰晶会融化并形成雨，但是如果在温暖的空气下面有一层冷空气，降水可能会重新凝固并形成雨夹雪或冻雨。只有当空气足够冷的时候，降水才会在整个下落过程中保持冰冻状态，并且以雪的形式落下。

当湍流导致云中的微小水滴相互碰撞并合并成更大的水滴，或者当水滴在冰晶上凝固时，降水就开始形成。当水滴或冰晶受到的重力达到可以克服空气阻力的程度时，它们会下落，相互碰撞并合并，最终以降水的形式落下。一个雨滴可能包含100万个或更多的云滴。

当过冷云滴在凝结核（如灰尘或盐粒子）周围凝固时，冰雹便在积雨云中形成。上曳气流在冰雹消散之前将冰雹送入云的上层，导致冰雹下落，直到再次被抬起。当冰雹经历这种上下运动时，它们会层层凝结。最终，它们变得过于重，以至于上曳气流无法抬起它们，并从云端掉落下来。冰雹的最小直径为5毫米，但是可以生长到15厘米，质量可以超过0.5千克。

云滴在低于冰点的温度下可以保持液态，这种现象被称为过冷。然而，在－40℃或以下，它们会自然凝固。在这样的温度下，水蒸气也会通过在尘埃颗粒（凝华核）周围凝华而形成冰晶，并随着更多的水蒸气凝华而迅速生长。冰晶也会黏附在其他冰晶上，这个过程被称为聚合。最终，它们变得过于沉重，从云端掉落下来。如果云下面的空气足够凉爽，它们就会以雪的形式降落；在较高的温度下，它们就会融化并以雨的形式降落到地面（实际上，大多数雨是以雪的形式降落的）。

当大量水滴在雪晶表面冻结，以至于雪晶的原始形状不再可辨认时，这个小而脆弱的冰球就被称为霰或冰雹。霰通常会代替正常的雪，通常还夹杂着冰丸。冰丸是一种比冰雹还小的半透明小冰球，当温度低于冰点的空气层之间有一层温度高于冰点的空气时，从顶层落下的雪在中间层融化，然后重新凝固成冰丸。

雨滴的直径为 0.1 ～ 9 毫米，但直径超过 4.5 毫米的雨滴在下落时往往会分裂成较小的雨滴。它们不像泪滴：直径大约 1 毫米的泪滴是几乎完美的球形；空气阻力导致较大的雨滴底部变平，雨滴下面渐渐出现一个坑。

降雨主要有三种类型：对流雨、锋面雨和地形雨。对流雨是由强烈的空气垂直运动造成的，通常在有限的地区引起强阵雨。锋面雨的形成过程包含较弱的上升运动，降雨强度较弱。地形雨形成时，潮湿的风来到陡峭的山脉，空气被迫上升，迅速冷却导致湿气凝结，降落在山体的迎风面。山脉背风面的区域处于雨影之中，因为吹过该区域的风已经几乎不含有水分了。

由非常小的雨滴（直径 0.2 ～ 0.5 毫米）组成的液态降水称为毛毛雨。当云滴凝聚在只包含微弱上曳气流的低层云中时，就会形成毛毛雨；当云底部下方空气的相对湿度较高

上图 这张概念图显示了风暴云中雨滴的大小和分布是如何变化的。蓝色和绿色代表小雨滴（直径0.5～3毫米）；黄色、橙色和红色代表大雨滴（直径4～6毫米）。

时，它就会降落；否则，云滴在到达地面之前就会蒸发。

雨夹雪这个术语在美国用来表示冰丸，在英国和大多数英联邦国家用来表示雪和雨的混合物。

有时候，降水在到达地面之前就蒸发了，因此形成了幡状云。这种景观在沙漠地区最常见。

下图 冰雹是如何在雷暴中形成的。

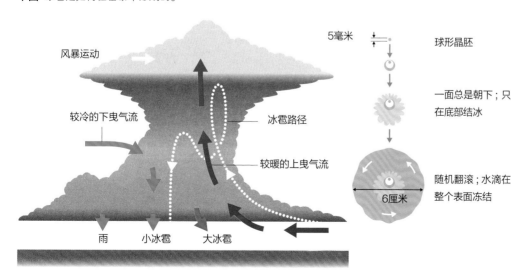

风暴运动

较冷的下曳气流

冰雹路径

较暖的上曳气流

雨　　小冰雹　　大冰雹

5毫米　　球形晶胚

一面总是朝下；只在底部结冰

6厘米　　随机翻滚；水滴在整个表面冻结

酸雨

虽然所有的降水都是淡水，但是大气污染物（特别是二氧化硫和氮氧化物）可以在水滴落到地球之前污染它们。污染物与水反应形成弱酸，因此这些被污染的降雨被称为酸雨。植物、水生生态系统，甚至桥梁等建筑物都会受到酸雨的不利影响。

// 全球降水模式

全球年平均降水量约为990毫米,但其分布极不均匀。

局部因素,例如山脉的存在,可以对特定区域的降水量产生重大影响,大尺度的地理地貌的影响同样很大,这是全球气压带空间分布、风、蒸发和降水以及空气上升机制共同作用的结果。空气上升意味着更多的降水,空气下沉意味着更少的降水。

就全球而言,降水量最多的地区是热带地区以及南亚和东南亚的季风地区(见第172页)。赤道周围地区由于受到热带辐合带的影响,降水量很大。在这里,来自两个半球的温暖、潮湿的信风(见第168页)汇聚在一起,形成了一股向上的气流。此外,陆地的升温导致频繁的雷暴,从而形成大量的降水。

进入亚热带地区,降水更加多变。亚热带地区的上空有一条高压带,导致空气下沉,变得温暖而干燥。这是环绕地球南北纬20°左右的沙漠带的主要成因之一。在亚热带大陆的东部海岸,降水量远远高于西部海岸,因为东部的信风在温暖的海洋上空吸收了大量的水分,遇到沿海的山脉便会形成降水。

一般来说,中纬度地区会有中等量的降水,降水主要受洼地和锋面控制。温差较大的气团碰撞,如来自亚热带的温暖、湿润的空气遇到寒冷、干燥的极地空气时,经常导致暴雨。

在高纬度地区,特别是在两极,海洋和陆地的寒冷表面几乎没有水分蒸发,冷空气不能保持很多水分,因此降水相对较少。高纬度地区的高压带导致空气下沉,这一事实使情况更加复杂。因此,有人认为南极洲是一片寒冷的沙漠。在高纬度地区,西部海岸通常比东部海岸潮湿。

全球降水模式也呈现出季节变化:随着太阳辐射的变化,气团的运动也会发生变化,因此降水模式也会发生变化。在赤道上方,热带辐合带移动到正处于夏季的半球,带来降水,冬季也相应地处于干旱季节。位于亚热带上空的高压带也随季节变化,在极地一侧带来干燥

的夏季,在赤道一侧带来干燥的冬季。一般来说,赤道以北的大部分地区从11月到次年4月都会下雨,而赤道以南的地区从5月到10月都会下雨。

影响降水模式的最重要因素之一是厄尔尼诺-拉尼

上图 全球年平均降水量分布。一般来说,热带地区和大陆沿海地区的降水量较大,而高纬度和中纬度地区的降水量较小,与高压带地区接近。

娜循环（或厄尔尼诺－南方涛动，合称恩索，见第164页），它影响降水的强度和位置。事实上，恩索是解释全球降水量时间变化的最大单一因素。

大城市的存在也会对降水量产生影响。城市热岛效应导致城市温度比周围地区略高。这使得上层空气上升，可能导致额外的阵雨和雷暴。在某些情况下，城市下风向地区的降水量可能是上风向地区的两倍。

大陆沿海地区通常相当潮湿，因为海风会带来潮湿的空气。大陆的内部通常相对干燥，因为它们离湿气的来源较远。

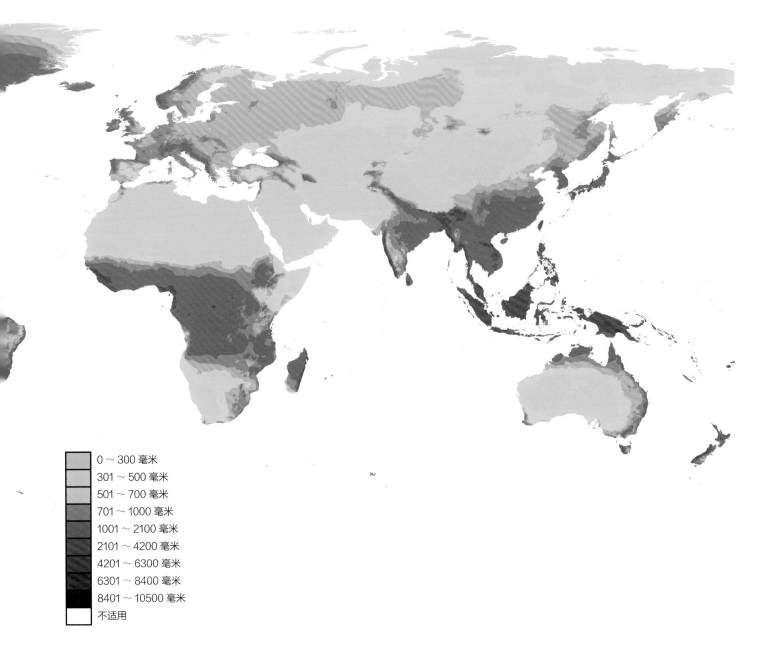

0 ～ 300 毫米
301 ～ 500 毫米
501 ～ 700 毫米
701 ～ 1000 毫米
1001 ～ 2100 毫米
2101 ～ 4200 毫米
4201 ～ 6300 毫米
6301 ～ 8400 毫米
8401 ～ 10500 毫米
不适用

// 风暴

风暴有多种形式，可能对生命和财产造成破坏。

风暴是用来描述恶劣天气状况的一个通用术语。因此，它涵盖了多种不同现象，主要包括大雨和强风。风暴可能是短暂的，仅仅持续几分钟，也可能持续几天。

当低压气团上升遇到高压气团时便会形成风暴，产生强风和风暴云，如积雨云，带来大量降水。最常见的是雷暴（见第156页），它除了产生闪电和雷声外，还经常带来强风、大雨、冰雹，造成极其强大但持续时间很短的风暴，称为微下击暴流。当一组快速移动的强烈雷暴扫过一片陆地时，会产生一种大范围的、长期的、直线形的风暴，称为线状风暴。

最强烈的雷暴，被称为超级单体雷暴，可以产生破坏性的旋风龙卷风，它出现在地面到积雨云底部的空间，从外

上图 美国科罗拉多州，一股龙卷风从积雨云袭来。在美国，平均每年每10000平方千米有1.4股龙卷风，大多数发生在中部和东南部地区，俗称龙卷通道。

观上看是黑暗、扭曲的漏斗形云。在最极端的情况下，龙卷风的风速超过480千米/时，直径3千米，传播距离超过100千米。如果龙卷风在水面上形成，就被称为海龙卷。多个海龙卷有时在同一时间出现在一个小区域。

当海洋表面变暖时，可能会形成气旋，这是一种巨大的低压系统，被强劲的向内旋转的风所包围（见第158页）。

最强的气旋形成于热带地区。有时，中纬度气旋的低压区会突然加强，形成"炸弹气旋"。这样的风暴中的风可能和热带气旋中的风一样强。风速在 50 ～ 100 千米 / 时的持续温带风暴被称为 8 极风（虽然不同的气象机构有不同的划分标准）。

以强风为特征但很少或没有降水的风暴称为暴风。有时候，它们会卷起松散的土壤形成尘暴，或者更罕见的沙尘暴，沙尘暴的沙尘密度非常大，导致阳光被挡住，白天变得像夜晚一样黑暗。2001 年中国的一场沙尘暴的测量结果显示，该沙尘暴含有 650 万吨沙尘，覆盖面积为 134 万平方千米。如果风力突然显著增强，持续至少 1 分钟，就会形成飑。

寒冷的天气会带来其他类型的风暴。当靠近陆地表面的温度在冰点以下的空气被一层厚厚的较暖的空气覆盖时，降下的雨水落地时就会结冰，形成厚厚的冰层。这就是冰暴，它可以摧毁树枝和电线，使驾驶变得非常危险。持续一段时间的伴有强降雪的风暴称为雪暴。

在另一种极端情况下，野火烧得足够旺，可以自成一个风力系统并维持该系统，这就是火风暴。

特定类型的风暴发生的可能性被称为重现期或频率。在任意特定年份出现的可能性为 10% 的风暴称为十年一遇的

上图 2020年8月，美国科罗拉多州大章克申附近的松树峡谷火灾中，一股火旋风从熊熊烈火中升起。在野火产生的高温和狂风中形成的短暂旋风——火旋风高达1千米，温度超过1000℃。

上图 沙尘暴逼近美国亚利桑那州凤凰城。

下图 美国俄克拉何马州的超级单体雷暴。超级单体雷暴是最强烈的雷暴，拥有持续旋转的上曳气流，也就是中气旋。

风暴。重现期越长，风暴的极端程度就越大，因此十年一遇的风暴比百年一遇的风暴强度要小。

// 雷暴

雷暴往往伴随着大雨或冰雹，狂风猎猎、电闪雷鸣。它通常是暖气团和冷气团碰撞的结果。

雷暴通常在较重的冷空气经过较轻的暖空气时形成。较冷的空气下沉，会导致较暖的空气上升。如果暖空气含有大量水蒸气，水蒸气将凝结并形成巨大的、高耸的积雨云，其底部通常离地面1～2千米，顶部可达15千米的高空。当水蒸气凝结时，它会释放潜热能，从而推动空气向上运动。

在雷雨云的中心，空气迅速上升，气温从－15℃到－25℃不等。在这些条件下会形成过冷（温度低于冰点）水滴、小冰晶和霰（软冰雹）的混合物。水滴和冰晶随着上曳气流向上运动；由于体积和密度较大，霰往往停留在原位或略微下降，因而与上升的冰晶不断碰撞。这种碰撞使冰晶带正电荷，使霰带负电荷。带正电荷的冰晶继续上升，直至到达云的顶部，而霰要么保持不变的高度，要么向云的底部降落。这导致云的上部区域带正电荷，而中部和下部区域带负电荷。当电荷积累到足够多时，就会发生闪电放电现象。

闪电可以发生在雷雨云中，可以发生在云与云之间，也可以发生在云和地面之间。只有大约25%的闪电发生在云

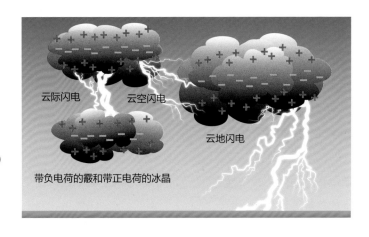

上图 雷雨云中带电冰晶和霰的分布是导致闪电放电现象的原因。

与地面之间，云中的闪电（最常见的类型）或者云与云之间的闪电更常见。

大多数闪电可在瞬间释放出约10亿焦耳的能量。它们通常持续0.2秒，由一些时长更短（60～70微秒）的闪光组成。

在世界各地，云产生的闪电每秒发生约45次，相当于每年发生近14亿次闪电。大约70%的闪电发生在热带地区的陆地上。记录显示，世界上闪电最多的地方是刚果民主共和国东部的一座小山村，那里每年每平方千米平均发生158次闪电。闪电也可以伴随沙尘暴、森林火灾、龙卷风和火山喷发。

雷是由于一道闪电使空气迅速增温而形成的。在闪电过程中，闪电通过的狭窄空气通道突然被加热到30000℃，导致空气迅速膨胀。这就会产生涟漪般的冲击波，我们会听到雷声。

当闪电离我们较近时，我们会听到突然而响亮的雷声；更远处的雷声听上去是低沉、冗长的隆隆声，因为声波是沿着闪电的路径产生的，所以它们到达观察者位置的时间不同。因为光在空气中传播的速度明显快于声音，所以我们在看到

下图 雷雨云的主要成分。强烈的温暖潮湿的上曳气流驱动雷暴，这些气流使水滴和冰晶上下循环，致使它们带电。

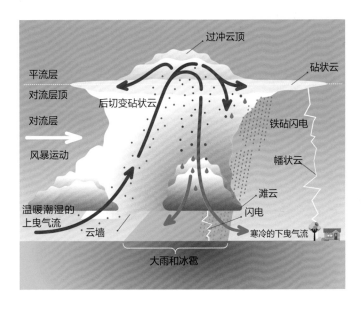

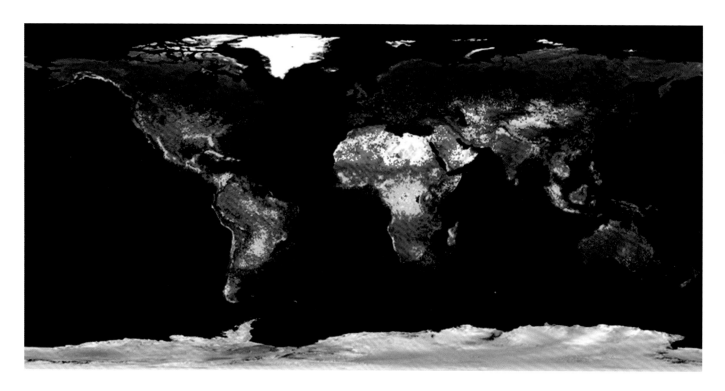

上图 这张地图显示了从1995年到2002年每年每平方千米发生闪电的次数，从深蓝色（少于10次）到深红色（超过100次）不一。显而易见的是中部非洲地区，那里的闪电频率极高。但是也要注意到雅鲁藏布大峡谷，在每年的季风季节开始的4月到5月，该地区的闪电频率是世界上最高的，在委内瑞拉的马拉开波湖周围地区，每年每平方千米会发生250次闪电。

下图 美国亚利桑那州阿吉拉在雷暴期间遭到一系列云地闪电袭击。

闪电之后才能听到雷声。

我们可以通过计算闪电和雷声之间的间隔时间（以秒为单位），然后除以3，粗略地计算出闪电与我们的距离（以千米为单位）。我们可以看到 160 千米开外的闪电，但只能听到 25 千米以内的雷声，所以有时可以看到闪电，但听不到雷声。闪电有时在没有雨的时候出现，这种"干燥闪电"是导致野火的最常见的自然因素。

// 气旋

作为地球上最强烈的风暴之一，气旋每年给全世界造成数百万美元的损失。

左图 2018年9月12日，从国际空间站上观察到的飓风佛罗伦萨横跨大西洋。这场风暴起源于佛得角附近，给美国东部带来了暴雨和洪水，并在美国弗吉尼亚州形成了10场龙卷风。

米，但可达 1000 千米，而后者的直径则为 1000 ～ 4000 千米。热带气旋也往往更加猛烈，风速可能超过 300 千米 / 时，而温带气旋的最大风速约为 120 千米 / 时。

顾名思义，热带气旋形成于热带（特别是南北纬 10° 到 25° 地区）。在夏季和秋季，大量的潮湿空气聚集在温暖的海水上空。这些空气上升，形成一个低压单体，称为热带低压，雷暴便在热带低压周围形成。如果海洋表面温度达到或超过 28℃，空气就开始围绕低压区旋转。旋转的空气上升并冷却，水蒸气凝结，形成云并从潜热中释放出能量。如果这种天气状况持续下去，风暴将在两三天内成长为热带气旋。

气旋的中心是一个相对平静的区域（在成熟的热带气旋中被称为风眼），那里的空气在上升，气压是整个气旋中最低的。在热带气旋中，风眼周围环绕着一圈强烈的雷暴，这些雷暴被称为热塔，它们以螺旋雨带的形式排列。雷暴可以得到温暖的海洋水汽的滋养。

热带气旋随盛行风移动，每天可能移动 800 千米。热带气旋的降雨速度高达每小时 2.5 厘米，相当于每天大约 200 亿吨降水。如果热带气旋经过一片凉爽的水域或陆地，它就会减弱，经常转变为热带低压，产生强降雨，有时甚至形成龙卷风。

在世界各地，热带气旋有不同的术语名称：在大西洋、墨西哥湾、加勒比海和北太平洋东部，它们被称为飓风；在西太平洋和南海，它们被称为台风。给超过一定强度的热带气旋命名，是为了便于发出警报，帮助人们识别信息，并帮助加强当地的灾害预防准备工作。

热带气旋一般按其持续风速分类。不同地区使用不同的等级划分标准。在西半球，根据萨菲尔－辛普森飓风等级将热带气旋划分为 1 级（风速 119 ～ 153 千米 / 时）到 5 级（风

气旋是一种巨大的向内旋转的大型涡旋，它围绕一个低压区旋转（"气旋"的英文为 cyclone，源自希腊语 kuklos，意思是蛇的盘绕）。气旋在北半球呈逆时针旋转，在南半球呈顺时针旋转。（在高压区周围形成的类似天气系统被称为反气旋。反气旋的旋转方向与气旋相反，风力较弱，不会产生降水。）

气旋大多发生在中高纬度地区。因为它们需要科里奥利效应（见第 106 页）来驱动循环，而这种效应在赤道地区是不存在的，所以气旋几乎不会出现在赤道地区，也不会穿越赤道。

气旋主要有两种类型：温带气旋和热带气旋。热带气旋的直径比温带气旋要小得多：前者的直径为 200 ～ 500 千

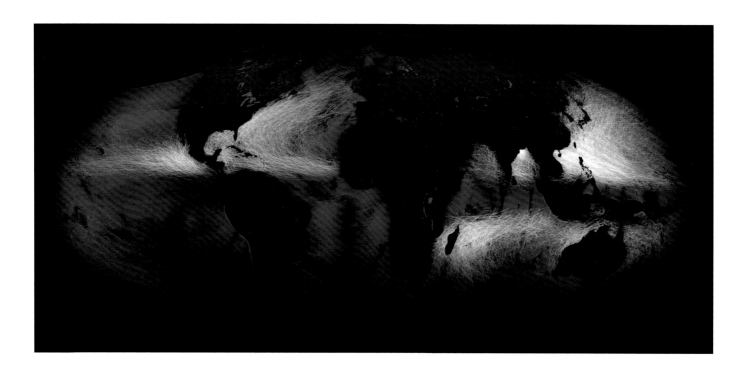

上图 1842年至2017年的全球风暴。风暴轨迹是根据它们形成时所处的洋盆进行颜色编码的。较亮的区域是有大量风暴轨迹重叠的区域。

速超过251千米/时）。

　　每年有80～100个热带气旋形成于世界各地。过去50年来，热带气旋共造成1900余次灾害，近78万人死亡，经济损失约14亿美元。当飓风登陆时，随之而来的强风、暴雨、沿海洪水和风暴潮可能会造成破坏，因为强风将大量海水推向海岸，低压将海水往上吸，这些都可能造成破坏。

下图 热带气旋的形成。(1)云在温暖的水面上迅速形成，导致上曳气流将空气吸入；(2)科里奥利效应驱动系统旋转；(3)成熟气旋的特征是中央风眼平静，周围有暖空气涡旋和热塔雷暴。图中可以看到较冷的空气（蓝色箭头）在气旋周围和内部流动。

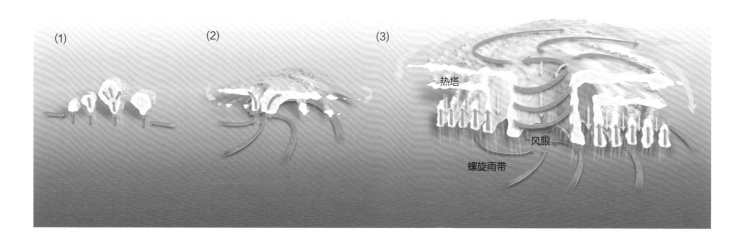

热塔

风眼

螺旋雨带

(1)　　　　　　　(2)　　　　　　　(3)

// 干旱

当一个地区长期缺水（降水或地下水）时，就可以说当地饱受干旱之苦。近年，
世界各地受干旱影响的人比受到其他类型自然灾害影响的人都要多。

在全球许多地方，特别是降水量已经很少的地方，降水
明显减少和随之而来的干旱是当地气候的有规律的特
征。例如，在热带地区一年一度的干旱季节，当湿度很低，
地表水干涸时，发生干旱的概率就会大大增加。

干旱通常是由盛行天气模式的变化引起的。大气环流的
变化，例如风向的改变，带来的是大陆气团而不是海洋气团，
有可能转移通常会产生降水的潮湿空气，或只是改变其输送
水分的方式。降雨或融雪时间的改变也可能导致水的供应和
需求不同步，从而导致水资源短缺。

高于平均水平的高压系统也可能通过限制雷暴和其他降
水形式的发展而引发干旱。厄尔尼诺－南方涛动（见第164
页）通常与干旱有关，因为它改变降水模式，将干旱天气带
到大片地区。干旱有时被描述为一场"逐渐蔓延的灾难"，
因为很难确定干旱开始和结束的时间。干旱可能持续几周到
几十年，也可能在开始后就渐渐结束。宣布干旱的门槛因地
而异，很大程度上取决于当地的天气模式。

上图 干旱期间，澳大利亚新南威尔士州某农场的一只羊驼。自19世纪
60年代以来，澳大利亚平均每18年经历一次严重的干旱。

一旦某地区遭遇干旱，一些反馈机制会使情况恶化。缺
少水分意味着没有水蒸气可用于形成云，导致持续高温，进
一步降低了降水的可能性。雨水可能无法渗透烘烤过的土壤，
所以落下的雨水都会迅速汇入地表径流。

虽然大多数干旱是自然发生的，但人类活动会增加干旱
发生的可能性并加剧其影响。过度开采用于灌溉的水可能耗
尽地下水，不良的耕作方式和乱砍滥伐可能导致尘暴或形成
沙尘暴，筑坝和过度开采河水可能导致下游地区干旱。开垦
土地可能减少参与水循环的水，使整个地区更容易遭遇干旱，
并使土壤质量下降，吸水和保水能力降低。

缺乏足够的降水可能导致河流径流减少、作物受损、土
壤和含水层干涸，所有这些都可能导致大范围的缺水。干旱

还会阻碍污染物的稀释，进而降低水质。异常干旱的天气条件可能对农业和畜牧业以及粮食供应产生重大不利影响。因此，发展中国家的干旱往往与饥荒联系在一起。干旱也会增加森林火灾风险。

长期持续的干旱会永久性地改变一个地区的栖息地。亚马孙流域近年的干旱已经导致了破坏性的森林火灾，并且引起了人们的担忧，因为该地区标志性的热带雨林正在接近一个临界点，即这些热带雨林可能很快就会变成大草原甚至沙漠，这将为世界气候带来灾难性的后果，更不用说森林所拥有的生物多样性了。

纵观历史，干旱对人类社会产生了重大影响。有证据表明，大约13.5万年前，干旱导致早期人类离开非洲。到了现代，干旱造成了内乱和区域冲突，以及导致人口流离失所的大规模迁移。

下图 全球水资源风险概况，包括可用水储量和水质。世界上17个水资源最紧张的国家中有12个位于中东和北非。

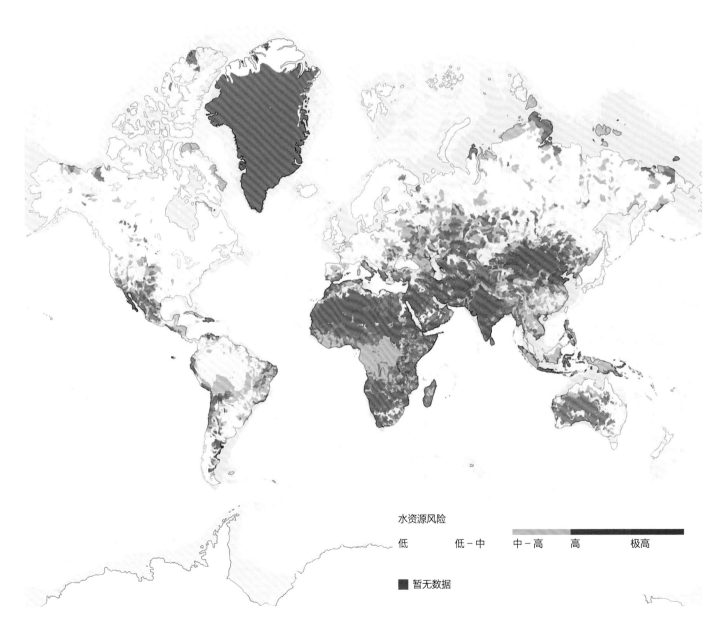

水资源风险

低　　　　　低－中　　　中－高　　　高　　　　　极高

■ 暂无数据

// 洪水

与天气有关的自然灾害中，洪水是较常见、涉及范围较广泛的，它能够造成毁灭性的破坏，引发严重的生命损失。

当水流经常年干燥的土地时，就会发生洪水灾害。导致洪水灾害的原因有很多，包括暴雨、堤坝决口、积雪快速融化和海水泛滥等。洪水可能在短时间内暴发，也可能缓慢形成并持续数周。

洪水最常发生在水溢出的水体（如河流或湖泊）。河流径流量超过河道容量时，河水可能冲垮堤岸，淹没周围地区。这种情况尤其可能发生在水体的弯曲处或蜿蜒处。径流量的增加可能是由暴雨、持续降雨或积雪快速融化造成的。极端的洪水事件往往是各种因素综合的结果，比如温度较高的大雨降落导致厚厚的积雪融化。1931 年，中国黄河、长江、淮河等流域发生了严重的洪灾，共造成约 370 万人死亡。

引发洪水的另一个原因可能是河道被泥石堵塞，这些泥石可能来自山体滑坡，导致水倒流，漫过河岸。当降雨量超过河流泄洪能力时，城市地区可能会遭遇洪水灾害。这种洪水可能会因铺设路面（如街道）而加剧，因为这样的路面会阻碍雨水渗入土壤，导致地表径流的水位升高。

当降雨或融雪补给速度比下渗和径流速度更快时，区域洪水可能会影响平坦或低洼地区。在地下水位较浅的地区，土壤中的水很快就会饱和，任何降水都会聚集在地表。冻土、岩石和混凝土等不透水表面可能加剧区域洪水。

大多数与洪水有关的死亡是山洪暴发造成的。山洪暴发可能是由于天然或人造结构遭到严重破坏，这种结构在正常情况下可以阻挡大量的水。山洪暴发也可能发生在突如其来的强降雨之后，特别是在陡峭、多岩石的山区或沙漠地区，这两类地区的水往往渗透不良，产生流速较快的径流。

当掩护大型水库的屏障突然失效时，一些最具破坏性的山洪就会暴发。当储存在冰川里的水突然释放出来时，就会发生冰川暴发洪水。1922 年，冰岛格里姆火山喷发导致其上方的冰川释放了约 7.1 立方千米的水。

与干旱一样，洪水也是自然灾害，人类活动往往使其更有可能发生或更具破坏性。砍伐森林、破坏湿地、改变河道和铺筑土地都会使洪水的频率和强度增加。近年来，洪水已经变得越来越普遍，因为城市已经扩张到河漫滩地区。

下图 洪水有几种不同的形式，包括雨期洪水、河床洪水、地下水洪水和海岸洪水等。当河水冲垮堤岸时，河床上就会发生洪水。雨期洪水是独立于溢出水体的。当极端降雨量超过城市地区排水系统的泄洪能力或者山洪暴发时，就会发生雨期洪水。海岸洪水可能是由风暴潮引起的，当涨潮与低压系统和巨浪相结合时，海啸或热带气旋就会登陆。当地下水位高于地面时，就会发生地下水洪水。

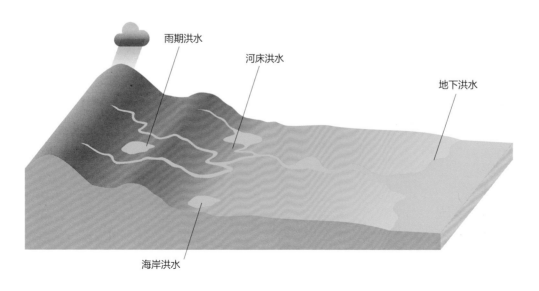

雨期洪水

河床洪水

地下洪水

海岸洪水

洪水可以通过流水的剪切力侵蚀地基，对建筑物和其他基础设施造成重大破坏。2007年，孟加拉国的洪水摧毁了100多万间房屋。洪水还会淹没农田，毁坏庄稼，导致牲畜死亡。

当洪水退去后，受影响的地区被淤泥和泥浆覆盖。伤寒、霍乱等介水传染病在洪水过后尤其具有威胁性。洪水期间水的供给常常受到影响，清洁水的获取途径减少，生活污水可能被冲进洪水中。滞留的洪水还可能为蚊子提供繁殖场所，导致登革热和疟疾等疾病暴发。

但是，洪水也有积极的影响。它们可能对三角洲的社区至关重要，因为它们带来了农业所需的营养丰富的沉积物。尼罗河三角洲一年一度的洪水是促进古埃及发展的关键因素

上图 2020年8月，中国重庆长江洪水泛滥。2020年的夏季季风给中国带来了多次洪水，异常强劲、静止的天气系统产生频繁的暴风雨和强降雨。总体而言，中国在2020年至少经历了21次大规模洪水，这些洪水摧毁了庄稼并造成数百人死亡。

之一。

为减少洪水而修建的构筑物包括堤坝（沿河修筑堤坝以提高河岸的设防水位）和径流运河，它们将水从敏感地区引开。水坝和水库也可以减少下游洪水的风险。河漫滩的湿地可以受纳洪水，减缓洪水的流速，从而有助于减轻洪水的影响。

// 厄尔尼诺–南方涛动

每隔几年,太平洋就会出现一种被称为厄尔尼诺的气候现象,其影响波及全球。

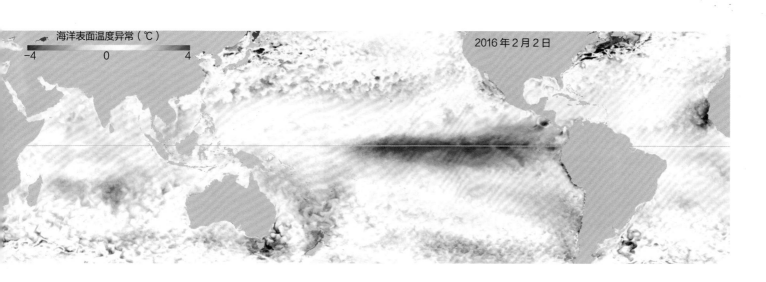

海洋表面温度异常（℃）

-4　　0　　4

2016 年 2 月 2 日

在正常情况下,强劲的信风会从赤道附近的南美洲吹过,将温暖的表层海水吹到西太平洋。这导致厄瓜多尔、秘鲁和智利沿岸的海水上涌,寒冷、营养丰富的海水从深海涌上来,为渔业的发展提供了便利条件。与此同时,印度尼西亚近海的海平面将比厄瓜多尔近海高出约 0.5 米,温度将高出 8℃。当厄尔尼诺事件发生时,太平洋中部和西部的信风减弱。这削弱了上升流,从而导致南美洲热带太平洋东部

上图 2015—2016 年超强厄尔尼诺事件期间的海洋表面温度异常（海洋温度与多年平均值之间的差异）,这是有记录以来强度最大的厄尔尼诺事件之一。在图片中心,可以清楚地看到赤道东太平洋的海水异常温暖。

下图 在正常年,信风会将温暖的海水吹向澳大拉西亚,为该区域带来降雨。在厄尔尼诺年,信风变弱,暖池聚集在南美洲,导致澳大拉西亚干旱。相反的现象发生在拉尼娜年,强烈的信风将更多的温暖海水吹向西部,给澳大拉西亚带来更加湿润的气候条件。

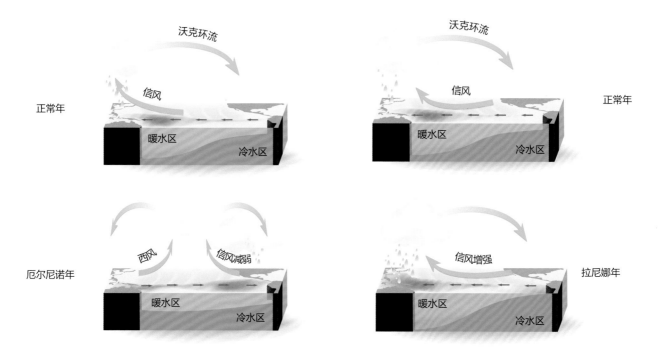

的表层海水变暖。由于蒸发量增加，这个暖池为云和风暴提供了形成条件，导致它们向东移动。

在厄尔尼诺事件期间，南美洲西海岸的降雨量高于多年平均水平，可能遭遇洪水。同时，该地区的渔获量通常低于正常水平，因为当地的海洋生物为了寻找凉爽的水源而向南北迁徙。降雨模式的改变也会影响到加拿大草原三省、澳大利亚、太平洋群岛、印度和东南亚国家，这些地区都可能遭遇干旱。在大西洋上空，风暴变得不那么常见，但在东太平洋，飓风变得更加常见。厄尔尼诺甚至会导致英国冬季变得更冷。

当热带东太平洋海洋表面温度比多年平均温度高0.5℃且维持3个月以上时，才确定发生了厄尔尼诺事件；在极端事件中，如1997—1998年的厄尔尼诺事件，升温幅度可超过3℃。目前还不清楚是什么触发了厄尔尼诺循环，这使得该现象难以预测。

厄尔尼诺处在厄尔尼诺－南方涛动这一更大尺度现象的"暖相位"。拉尼娜则处于"冷相位"，使赤道太平洋中东部的海面温度低于多年平均水平，信风强度增强。拉尼娜的影响往往与厄尔尼诺的影响相反：热带东太平洋的

名称里有什么故事？

厄尔尼诺通常始于12月。因此，在17世纪，秘鲁渔民把这个现象命名为圣婴。拉尼娜的意思则是小女孩。

气候比正常年更凉爽、更干燥，澳大利亚的降雨量高于多年平均水平，南美洲部分地区可能遭遇干旱。

尽管厄尔尼诺事件与拉尼娜事件各次的强度有差异，而且它们的出现时间没有规律，但大致上厄尔尼诺3～5年发生一次，而拉尼娜则不那么常见。两者通常持续9～12个月，但也可能持续数年。它们通常在南半球的春天开始形成，在12月到次年1月达到高峰，然后在次年的5月减弱并消失。大约有一半的年份处于中性相位。

来自冰芯、珊瑚和树木年轮等的证据表明，厄尔尼诺已经存在了数百万年。

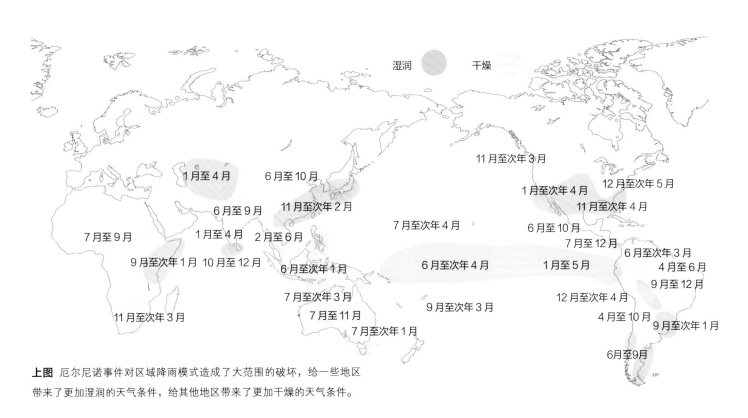

上图 厄尔尼诺事件对区域降雨模式造成了大范围的破坏，给一些地区带来了更加湿润的天气条件，给其他地区带来了更加干燥的天气条件。

// 季节

由于黄赤交角的存在，世界上大部分地区都会经历有规律的气候变化。

我们根据气候特征将一年分为四季——春、夏、秋、冬，特别是昼夜长短、温度和天气模式。

地球之所以经历四季，是因为它的自转轴相对于它的公转轨道平面倾斜了约23°26′。这意味着，当地球围绕太阳公转时，不同地区获得的太阳能大小是不同的。在南北半球的夏季，半球是向太阳倾斜的，因此太阳在天空中的位置较高。在冬季，太阳在天空中的位置较低，阳光必须穿过更多的大气层，而大气层会吸收、反射或散射阳光。夏季昼长较长，这也增加了太阳的照射时长。来自太阳的热量也会影响气候的其他方面，因此季节常常以不同的天气模式为标志。

地球的南北半球经历着相反的季节：在北半球的冬季，南半球正处于夏季。一年中昼长最长（夏季）和最短（冬季）的二至日分别为6月20日或21日和12月21日或22日。春分日和秋分日昼夜等长，太阳直射赤道，它们分别为3月20日或21日和9月22日或23日。

只有中纬度地区才会经历典型的四季。在高纬度地区，日照时长的变化变得越来越极端。两极地区只经历两个季节，即夏季和冬季，夏季太阳不落山，冬季太阳不升起。赤道地区的季节变化很小，全年的温度和日照时长基本不变。然而，赤道地区的降雨量通常有很大的变化，一年分为雨季和干季。这主要是由热带辐合带这一多雨低压带的位置的季节变化引起的（见第170页），但在某些地区是由季风天气模式引起的（见第172页）。

有些地方政府把夏季和冬季的开始时间定在各自的至日，但二至日反映的是季节的天文变化，往往与季节的气象变化不一致。气象季节通常由温度决定，特定季节的开始时间被定在一定天数内每日温度达到某一点的日期。最常见的季节划分与公历有关；通常，在北半球，春天开始于3月1日，夏天开始于6月1日，秋天开始于9月1日，冬天开始于12月1日。

季节也可以根据生态变化进行分类，例如某种植物第一次开花或出芽。研究生态事件发生时间的学科叫作物候学。许多生态学家认为温带应分为六个季节：早春、春季、夏季、

下图 每年，地球都会经历二分二至日。它们出现在地球自转轴平行于、朝向和远离太阳时。

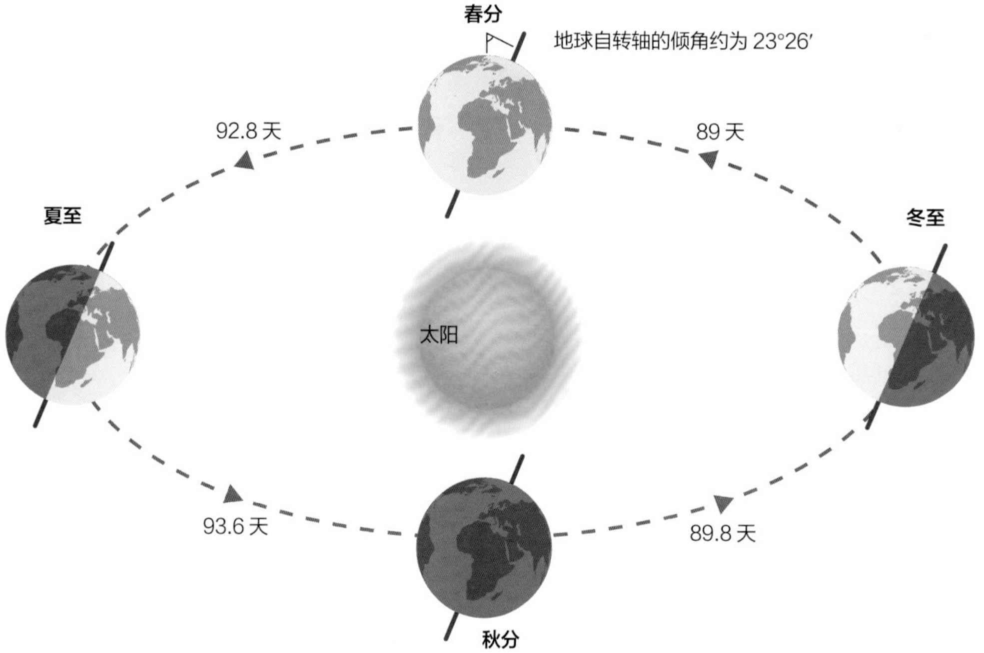

春分
地球自转轴的倾角约为23°26′

92.8天   89天

夏至   冬至

太阳

93.6天   89.8天

秋分

晚夏、秋季和冬季。这些季节与鸟类迁徙等生态事件有关，而不是与固定的日期有关，因此它们在不同的地理区域有所不同。

将一年分成四季的传统是一种文化建构，它起源于西欧。其他文化承认不同的季节性日历。在印度地区，一年有六个季节。尼罗河三角洲分为洪水期、生长期和枯水期三个季节。泰国也采用三季历（冷季、热季、雨季）。土著群体按传统根据生态和环境的变化来定义季节，如变化的风、花期和动物迁徙等。一些北美土著群体采用有六个季节的日历，而一些澳大利亚原住民和斯堪的纳维亚的萨米人认为一年有八个季节。

作为季节特征的温度和日照时长的变化对植物和动物的行为有重大影响，触发生长期和休眠期。许多动物在春天繁衍，在初冬进入冬眠；许多植物在秋天结果，

上图 热带辐合带；这里看到的是一条厚厚的云带，随着季节的变化，带着降雨向南北移动，从而产生了热带雨季和干季。

然后落叶，在冬天保持休眠，在春天开花，长出新叶，在春天和夏天迅速生长。

右图 德国的一棵树在不同季节的样子。

// 风

空气流动是全球气压不同导致的结果。

风是由气压的差异导致的：空气从高压区流向低压区以达到平衡。然而，最终是太阳能驱动风的。由于受热不均，有些地区比其他地区更暖和，导致气压变化，空气流动。

这可以通过海风和陆风来说明。在沿海地区，白天，陆地比邻近的海洋升温更快，陆地上方的空气上升，较冷的空气从海上涌入取而代之，形成海风。到了晚上，海洋更有效地保持热量，而陆地变冷，因此风向反转，形成陆风。

白天，风的速度和强度通常最大，此时太阳能加热会导致更大的气压变化。风速在短时间内忽大忽小变化的风称为阵风；持续时间中等的强风称为飑。有记录以来最强的阵风风速达到 408 千米 / 时，发生在 1996 年 4 月 10 日热带气旋奥利维亚登陆澳大利亚巴罗岛期间。风的方向通常用它的起源来表示，例如，北风从北向南吹。

地球的自转导致风在除赤道以外的任何地方都受到科里奥利力影响而偏转（见第 106 页）。这意味着地表风在低压区和高压区周围盘旋，而不是直接在它们之间移动。当风到达低压区的中心时，它们只能上升。当它们上升时，它们携带的水分凝结并形成云，这可能导致降水甚至风暴。同样，在高压区的中心，干燥的空气下降，呈现出碧空如洗的景象。

风在决定地球的气候和天气方面扮演着重要的角色，给陆地带来湿气，驱动洋流，控制风暴。当风向相反的风相互碰撞时，空气被迫向上流动。如果其中一个风向的风携带着大量水分，这可能导致雷暴或龙卷风。

全球大尺度气压模式导致了盛行风，其中包括"信风"及"西风"，两者均由以北纬 30° 及南纬 30° 为中心的持续副热带高压系统所产生。在热带地区，北半球的盛行风主要从东北方向吹来，南半球的盛行风主要从东南方向吹来。这就是信风，它把热带气旋吹向西方，横跨大西洋。信风从南北方向吹向赤道，最终在热带辐合带聚合，迫使空气上升并形成雷暴。

在中纬度地区（30° 到 60°），盛行风是西风。在南半球，中纬度地区陆地较少，所以西风可以自由吹拂，并且强度可以变得特别大，在南纬 40° 到 50° 之间达到顶峰，那里被

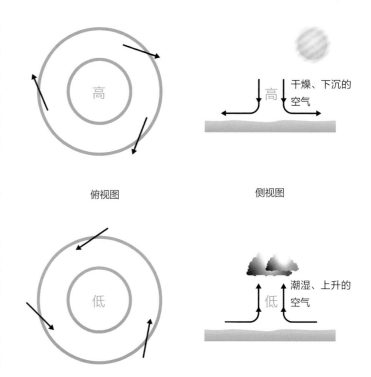

俯视图　　　　　侧视图

上图 风从高压区螺旋而出，导致空气下沉，带来晴朗、干燥的天气（上部图）。螺旋进入低压区的风引起空气上升，导致多云的天气（下部图）。

称为咆哮西风带。西风是南大洋环流的主要驱动力。它们是地球上强度最大的海面风，在冬季两极的气压较低时达到最大强度。在高纬度地区（60° 到 90°），盛行风，也就是极地东风通常很弱而且变化不规律。

在区域范围内，风常常反映地形的影响，例如海风和陆风、山风和谷风、焚风（温暖、干燥、沿山脉背风坡吹下来的风）和下降风（沿山坡吹下来的寒冷、高密度空气），以及当地的天气情况。崎岖多山的地形可以通过增加大气和陆地之间的摩擦或者简单地阻挡风，使气流偏离，产生强烈的上曳气流、下曳气流和涡旋，从而中断和扭曲风。如果风被迫通过一个狭窄的通道，它可能达到相当大的风速。当相对稳定的风吹过山区时，山脉的迎风面通常比背风面更潮湿。

从区域尺度看，当地的天气效应造成了高压区和低压区

的移动，产生了持续时间短、方向不断变化的风。这会造成局部风速和风向的突然变化，称为湍流。

下图 海风在白天吹拂，这是由于温暖的空气上升到陆地上方，冷空气从海上吹来取代它的位置。晚上，陆风吹拂，陆地比海洋冷却得更快，导致风向反转。

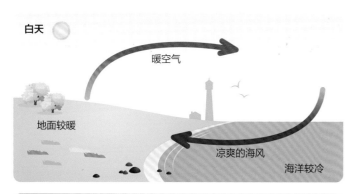

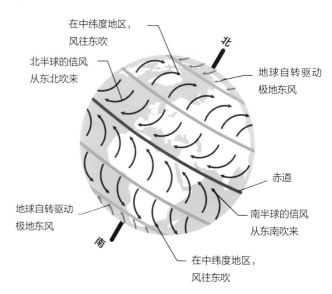

上图 地球的盛行风。

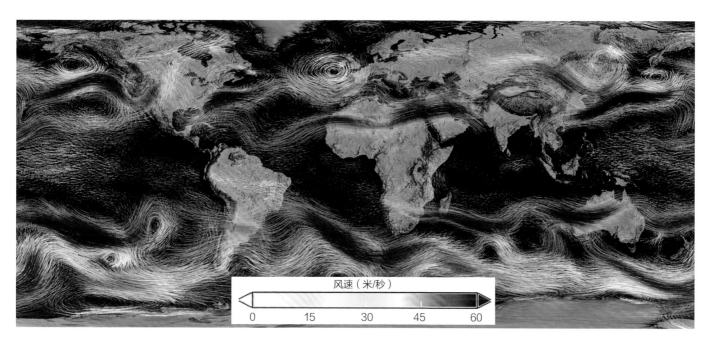

上图 风在地球大气层的上层（彩虹色）和下层（白色）吹拂。

// 大气环流：三圈环流模式

贯穿对流层的大尺度空气流动，被称为大气环流，被分解成一系列相对独立的环流圈，共同分配地球周围的热量。

大气环流是由到达赤道和两极的太阳辐射的差异（也就是热量的差异）驱动的。如果地球不自转，结果将是南北半球各有一个大的环流圈，热空气从赤道上升，在两极下沉。事实恰恰相反，因为地球自转，环流在南北半球分别被分解成三个环流圈——巨大的旋转的"甜甜圈"一样的空气环绕着地球，从地表到对流层顶。在这些环流圈与科里奥利力的相互作用下，地球上主要的盛行风系统得以形成。它们的净效应是能量的转移，以暖空气的形式，从热带地区到两极，将地球大气中的热量和水分重新分配。

位于赤道和南北纬 30° 之间的哈得来环流是这三个环流圈中最大的一个。它们是由从赤道上升的暖空气驱动的。当这些空气到达对流层顶时，它们接着向两极移动，并且随着它们的移动而降温，然后在北纬 30° 和南纬 30° 左右（副热带无风带，以地表微弱不定的风和高压为特征）下沉回到地面。干燥下沉的空气形成了高压区，塑造了在北纬 30° 和南纬 30° 左右环绕地球的沙漠带。当气流返回赤

道时，科里奥利力使气流偏转，形成向东的信风。信风在被称为热带辐合带的低压区相遇，那里常有雷暴和热带雨林。热带辐合带的位置随着季节的变化而变化，在夏季向北移动到北回归线（北纬 23°26'），在冬季向南移动到南回归线（南纬 23°26'）。由于普遍缺乏风力，热带辐合带周围地区被水手们戏称为无风带。

费雷尔环流位于南北纬 30° 至 60° 之间，主要受到另外两个环流圈内空气运动和中纬度风暴的驱动。冷空气在亚热带地区下沉，在南北纬 60° 附近上升。科里奥利力使空气偏转，形成中纬度的西风。

极地环流是三个环流圈中最小和最弱的，位于南北纬 60° 和 90° 之间。它们是由于冷空气在两极上空下沉而产生的。下沉的空气在向赤道移动之前会产生一个高压区。空气

下图 地球大气环流圈的横截面。三个环流圈决定了盛行风的强度和方向，以及雨带的位置。

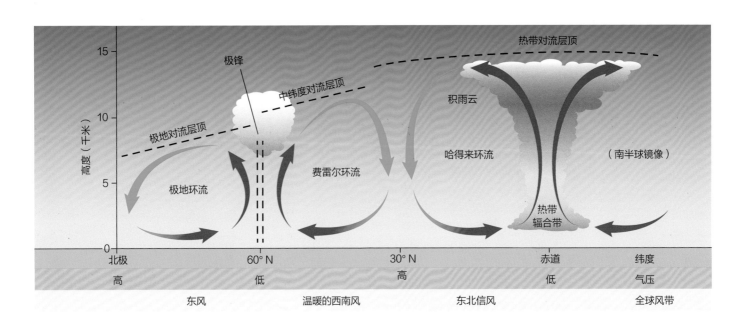

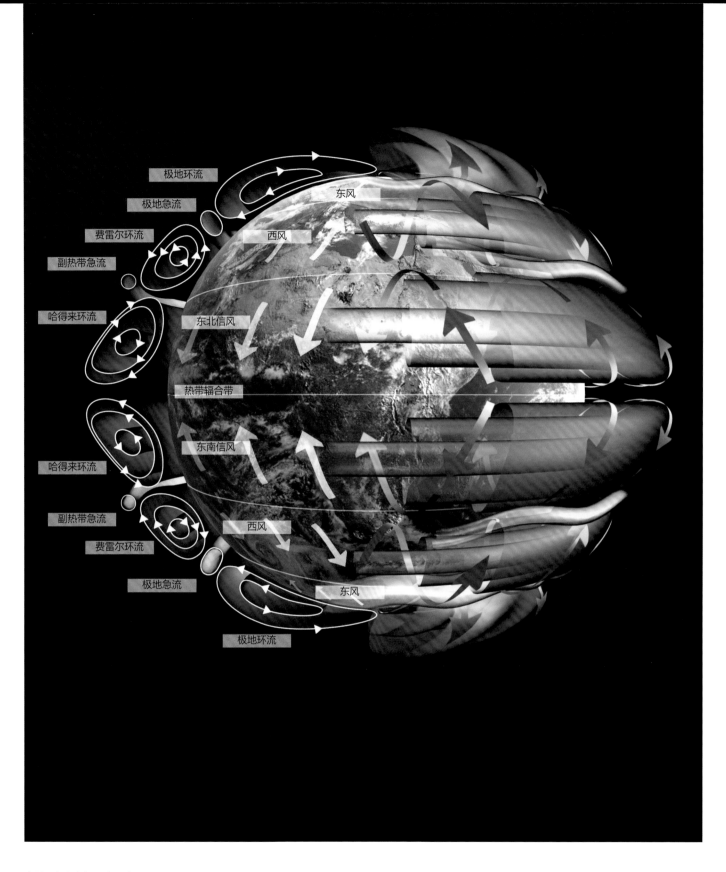

极地环流

极地急流

费雷尔环流

副热带急流

哈得来环流

热带辐合带

哈得来环流

副热带急流

费雷尔环流

极地急流

极地环流

东风

西风

东北信风

东南信风

西风

东风

上图 地球大气环流示意图。

在科里奥利力的作用下偏转成为极地东风。当它与海洋或陆地相遇时，空气变暖。在南北纬 60° 附近，它在再次向极地移动之前上升。极地环流和费雷尔环流之间的边界被称为极锋，在吹向赤道的寒冷的极地东风和吹向极地的温暖的副热带西风相遇时形成，与云和降水有关。

// 季风

每年，在亚洲南部的大部分地区，天气会突然从相对干燥变得炎热且非常潮湿，这就是季风气候，降雨量的季节性变化是由盛行风的方向和气压的变化引起的。

如前文所述（见第 168 页），之所以会产生风，是因为两个地方的气压不平衡。在季风系统中，气压不平衡是陆块和邻近海洋温度存在差异的结果。

海洋和陆地吸收和释放热量的方式不同：陆地的升温和降温比海洋快。在夏季，陆地表面温度迅速升高，变得比邻近的海洋更热。这导致了陆地上空的空气膨胀，形成了一个低压区。海洋上空的空气温度较低，气压也较高，导致风从海洋吹向陆地，并将充满水分的空气带入内陆。当这些空气接触到陆地时，它们会上升，使得陆地变冷，同时，它们将水分释放出来，形成暴雨。在一个典型的年份里，受灾地区在夏季季风季节的降雨量占全年降雨量的比例将高达 85%。

而在冬天，情况恰恰相反。陆地比海洋冷却得更快，陆地上空的气压上升，风慢慢逆转，从陆地吹向海洋。季风季节的结束比开始更为缓慢，降雨量随着陆地开始降温

而逐渐减少。

亚洲季风强度和时间的变化可能对该地区产生破坏性影响。如果雨水不足，或者雨水来得太早或太晚，可能会导致饥荒，因为该地区的许多小农户在这种情况下无法种植庄稼。如果该地区的浅层含水层没有得到补给，地下水也将变得更加稀缺。如果降雨量太大，可能会导致大面积的洪水和严重的泥石流。2005 年，一场异常强烈的季风雨在印度大都市

下图 季风是一年一度的天气现象，与海陆温差引起的风向季节性逆转有关。

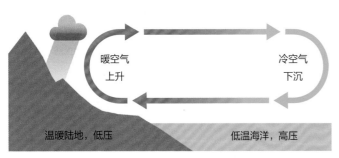

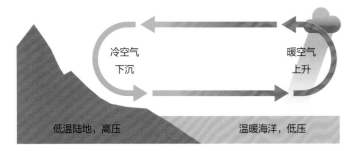

下图 受季风影响的地区。

孟买造成了至少 900 人死亡；当年 7 月 26 日，孟买的降雨量接近 1000 毫米。

虽然亚洲一年一度的季风是最著名的，但是类似的气候条件也会发生在澳大利亚北部和部分西部地区，非洲南部和东部，以及北美洲部分地区和南美洲。

世界上最潮湿的地方

有记录以来的最高年平均降雨量为 11871 毫米，发生在印度东北部季风地区梅加拉亚邦的毛辛拉姆。在 12 个月的自然年里，降雨量最多达到 26470 毫米，于 1860—1861 年出现在乞拉朋齐附近。

印度孟买的季风雨。季风通常从 6 月开始，在 7 月达到顶峰，9 月逐渐减弱。平均而言，该市约 95% 的年降雨量发生在这 4 个月期间。

// 急流

狭窄、蜿蜒、快速移动的空气河流高悬于地球上空，不断地循环。急流塑造了世界各地的天气模式。

急流存在于对流层顶——对流层和平流层之间的边界（见第130页），在南北两个半球上空高8～15千米处。较强的极地急流通常位于8～12千米高空，较弱的副热带急流出现在10～15千米高空。

急流通常有几百千米宽，垂直厚度不到5千米。它们自西向东运动，速度在130～225千米/时，也可高达443千米/时以上；风的强度随着高度的增加而增大。虽然急流通常在很长距离上以连续流的形式流动，但它们常常表现出不连续性。

冷气团和暖气团交汇处形成一股急流，因此极地一侧的空气比赤道一侧的空气冷。它们出现在大型大气环流交汇处（见第170页）：极地急流在南北纬50°到60°之间形成，该纬度带正是极地环流和费雷尔环流的交汇处，而副热带急流位于费雷尔环流和哈得来环流交汇处，即南北纬30°附近。

当两个不同温度的气团相遇时，气压差驱动风。通常情况下，风在暖气团与冷气团之间流动转移，但是科里奥利效应使风偏转，沿着两个气团的边界流动。

急流的位置并不固定，它们沿着冷暖气团的边界有规律地向北或向南流动，高度也可能下降或上升。因此，它们的路径通常蜿蜒曲折，并可能分裂成两个或两个以上部分，在主路径之外停止或重新启动，并形成涡旋。蜿蜒的气流以低于急流本身的速度向东传播，被称为罗斯贝波。

急流也随着季节的变化而改变强度和位置。在冬季，热带地区和两极地区的温差越大，急流的强度越大。极地急流的位置随太阳直射点的变化而变化：在春季，随着太阳高度变大，急流向两极移动；在秋季，急流开始向赤道方向移动。

厄尔尼诺－南方涛动（见第164页）是导致高空急流改变其位置和强度的另一个因素，导致大范围地理区域内降

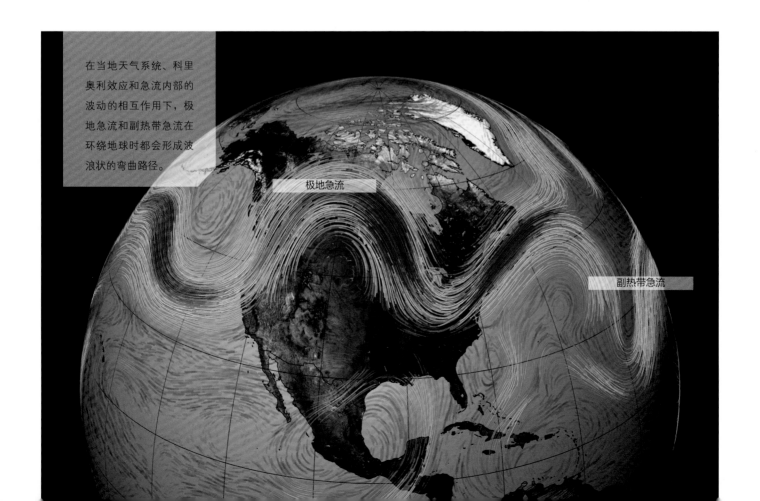

在当地天气系统、科里奥利效应和急流内部的波动的相互作用下，极地急流和副热带急流在环绕地球时都会形成波浪状的弯曲路径。

极地急流

副热带急流

水、气温和风暴的变化。在厄尔尼诺期间，北半球的极地急流增强并向南移动，副热带急流也增强。与此同时，在南半球，副热带急流移动到其正常位置以北。

当急流改变位置时，它会对相应地区的天气产生重大影响，所以气象学家将急流的位置作为预报辅助信息。

急流对空中旅行很重要，因为它们对燃料使用有影响。飞行员经常试图靠近并顺着急流飞行，借助顺风的力量获得推动力。然而，这样做会增加飞机遇到潜在的危险的晴空湍流的可能性。

下图 较强的极地急流通常位于南北纬50°到60°之间8～12千米高空，这里是极地环流和费雷尔环流交汇的地方，而较弱的副热带急流则位于南北纬30°附近10～15千米高空，靠近费雷尔环流和哈得来环流交汇处。

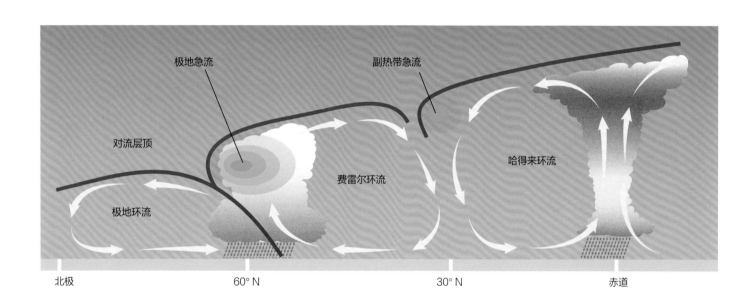

极地急流　对流层顶　极地环流　费雷尔环流　副热带急流　哈得来环流

北极　60° N　30° N　赤道

极夜急流

在冬季，急流不时在南北纬60°附近25千米高的平流层内形成。这种被称为极夜急流的气流通常在冬末北半球或者春末南半球再次分裂。

下图 厄尔尼诺导致北半球极地急流加强并向南移动，副热带急流也加强，给美国南部和墨西哥带来了更多的降水。

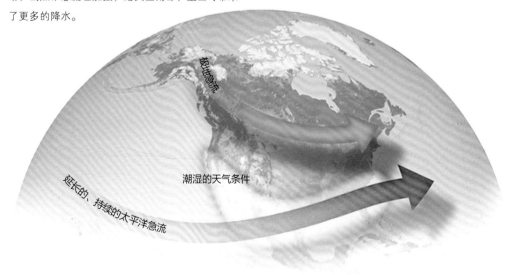

极地急流　潮湿的天气条件　延长的、持续的太平洋急流

// 极涡

在北极和南极的高处存在着大型的低气压旋转系统，它们周期性地给中纬度地区带来极端寒冷的天气。

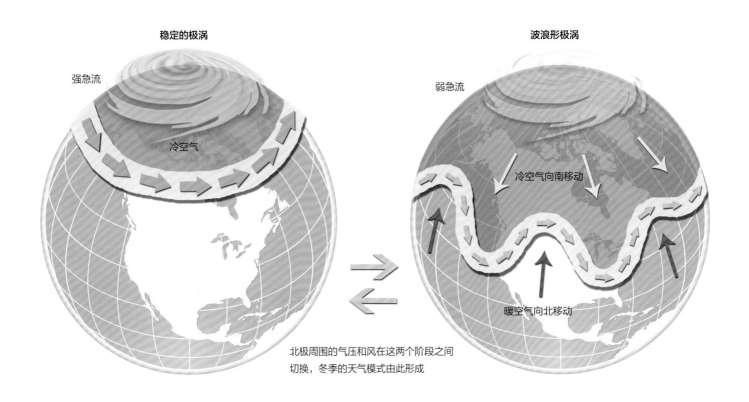

稳定的极涡

强急流

冷空气

波浪形极涡

弱急流

冷空气向南移动

暖空气向北移动

北极周围的气压和风在这两个阶段之间切换，冬季的天气模式由此形成

在地球的两极上空分别有两个低压区，一个在对流层，另一个在平流层，被称为极涡。这两者并没有直接的联系，但是它们偶尔会互相影响。与其他气旋系统一样，北半球的极涡在科里奥利效应下呈逆时针方向旋转，而南半球的极涡则呈顺时针方向旋转。无论是对流层还是平流层的南半球极涡，都比北半球的极涡更加有规律和稳定。

对流层极涡常年存在，夏季减弱，冬季增强。它们是由北极或南极与中纬度之间的温差驱动的，并且受到极地急流的限制。对流层极涡是两种类型的极涡中规模较大的一种：涡旋的边缘通常位于南北纬 40° 到 50° 之间，而平流层极涡的边缘位于南北纬 60° 附近。

在正常情况下，对流层极涡将大量寒冷的空气限制在北极上空，但是在冬季它经常膨胀，将冷空气送到低纬度地区。一些寒冷的空气甚至会脱离极地地区而迁移到中纬度地区，

上图 一个稳定的极涡使急流以近似圆形的路径运动，但是如果极涡减弱，急流的路径将变得更加弯曲。

使中纬度地区的温度降至 0℃ 以下。极涡也会收缩，给高纬度地区带来更温暖的天气。

平流层极涡每年秋季形成，冬季增强，春季消散。它们大致是圆形的，并以极夜急流为界。像对流层极涡一样，平流层极涡的形成是中纬度地区和极地之间大范围温度梯度的结果。

这两种类型的极涡都可以在地表极端天气事件中发挥作用，且对流层极涡发挥的作用更大。强大的对流层极涡使得极地急流围绕着地球在以极地为中心的宽广的圆形路径中流动。当极涡减弱时，低气压系统对急流的控制作用减弱，急流开始沿着一条起伏更大、杂乱无章的路径前进，冷空气从

两极地区离开，暖空气向两极地区移动。

2019 年 1 月，大量空气从北极对流层极涡逸出，进入加拿大和美国中西部，带来了创纪录的低温（在某一天，芝加哥比南极洲还冷），导致许多地区出现大雪。这场寒潮造成至少 22 人死亡，直到 2019 年 3 月才结束。

平流层爆发性增温

偶尔（大约每 10 年 6 次），对流层的扰动会导致北半球平流层极涡破裂。当来自对流层的行星尺度大气波（称为罗斯贝波）上升到平流层并破裂时，它们会使极涡和极夜急流驱动的西风迅速减速甚至逆转方向。极涡可能会分裂成两个较小的涡旋，或者被推离其通常的位置（以极地附近为中心），移动到以西伯利亚北部为中心的地区。

这些现象被称为平流层爆发性增温，因为它们可以在短短几天内使平流层温度升高约 50℃。平流层爆发性增温是一种极端的大气现象。在南半球，被观察到的重大的平流层爆发性增温只有一次。

随着极夜急流的风速减慢，它们开始转向极涡的中心。

上图 平流层极涡位于对流层极涡之上，但前者内部的空气有时会下降并影响后者。

当空气到达中心时，它被迫下降，这使得它被压缩。这反过来又导致空气温度急剧上升，北极上空的气压上升。

大约三分之一的平流层爆发性增温对地表几乎没有可察觉的影响，但是如果下降的平流层冷空气到达对流层，它可以导致极地急流的路径弯曲，给中纬度地区带来冷空气，给北极地区带来暖空气。平流层爆发性增温对地表天气的影响可能需要几天到几周的时间才浮现。

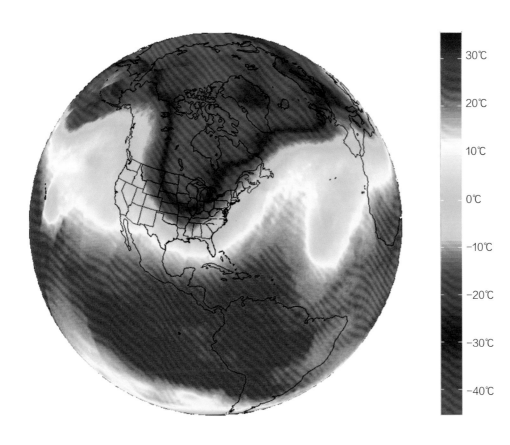

左图 美国航空航天局的卫星图像显示了 2019 年 1 月平流层爆发性增温的结果，其导致大量寒冷空气下降到加拿大和美国中西部，造成至少 22 人死亡。明尼苏达州部分地区的温度低至 － 44℃。

// 地磁场

地球本质上是一块巨大的磁铁，它产生的磁场对地球上生物的生存至关重要。

地球表面的磁场强度

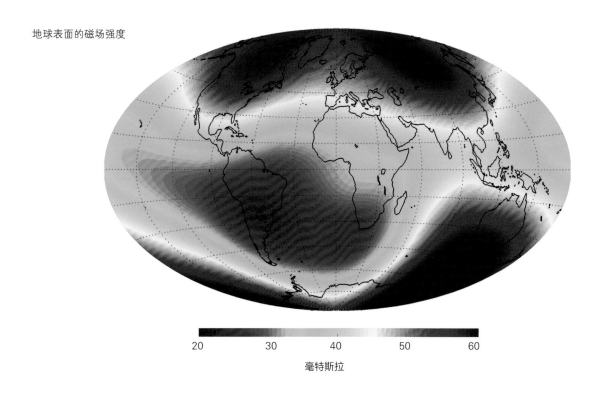

20   30   40   50   60

毫特斯拉

地球的磁场，或者说地磁场，是由发电机效应产生的。从地球固体核心散逸的热量在熔融的铁和外核的镍内部产生对流，反过来又产生电流。当地球绕着自转轴旋转时，这些南北向电流产生了一个磁场，磁场围绕着地球延伸。一般认为，地磁场至少有34.5亿年的历史。

在地球的外核，地磁场的强度约为500毫特斯拉。在地球表面，地磁场的强度从25毫特斯拉到65毫特斯拉不等，大约是普通冰箱磁铁的磁力强度的100倍。地磁场强度从两极到赤道呈下降趋势。在过去的150年中，地磁场的整体强度下降了约10%。

地球的磁轴，也就是它的偶极子，与地球自转轴成一定角度；换句话说，地极和地磁极并不一致。（在地磁极和磁铁指向的实际磁极之间，也存在着细微的差别，前者用来解释观测到的全球磁模式。）

虽然地磁极通常位于地极附近，但它们的位置在不断变化，尽管变化非常缓慢。两个地磁极相互独立地弯曲延伸。目前，地磁北极正向西北方向漂移，从加拿大北部漂向西伯利亚。它的移动速度正在加快，从20世纪初的每年10千米增加到2003年的每年40千米。

每隔一段时间，地磁北极和地磁南极就会交换位置。地磁极翻转的历史可以在海底的证据中得到印证。由于新的海底在洋中脊形成，冷却的岩浆在强磁性矿物中，特别是像磁铁矿这样的铁氧化物中记录了地磁场的方向（见第102页）。翻转似乎发生得相对迅速而有效，而且是随机的；相邻两次翻转之间的间隔从不到10万年到长达5000万年不等，平均间隔约为30万年。最近的一次翻转发生在大约78万年前。目前还不清楚地磁极为什么会发生翻转。

地磁场使得罗盘可用于导航。有些动物能够探测到地磁

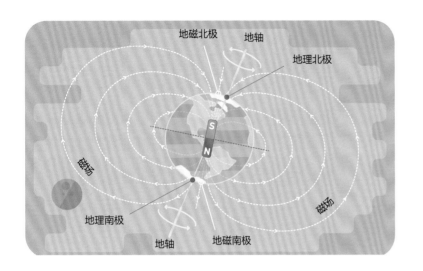

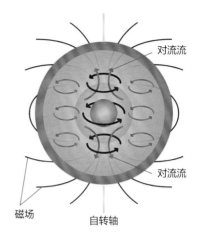

上图 和一块巨大的磁铁一样，地磁场是由地核内铁的对流流产生的。

场，并在迁徙过程中利用它来导航。

磁层

　　地球周围的空间区域，其中的主要磁场由地球本身产生，该区域称为磁层。它向太空延伸数万千米，其形状在太阳风的冲击下不断变化，太阳风是来自太阳的持续等离子流，主要由电子和质子组成。太阳风压缩了面向太阳一侧的磁层，并在远离太阳的一侧将它拉伸成长尾巴。太阳风和磁层之间的边界称为磁层顶。通过使围绕地球的太阳风偏转，磁层保护了地球上的生命，否则它们将暴露在高水平的辐射下。磁层还有助于保持地球大气层的完整性；没有磁层，太阳风和宇宙射线将清除掉上层大气，包括臭氧层。

　　在太阳风特别强烈的时期，带电粒子在两极沿着磁场线流动，撞击大气中的气体原子，生成极光。

下图 地球的磁层保护地球免受太阳风的侵袭，来自太阳的等离子流主要由电子和质子组成。太阳风的冲击压缩了面向太阳一侧的磁层，并在远离太阳的一侧将其拉伸成图中长尾巴。

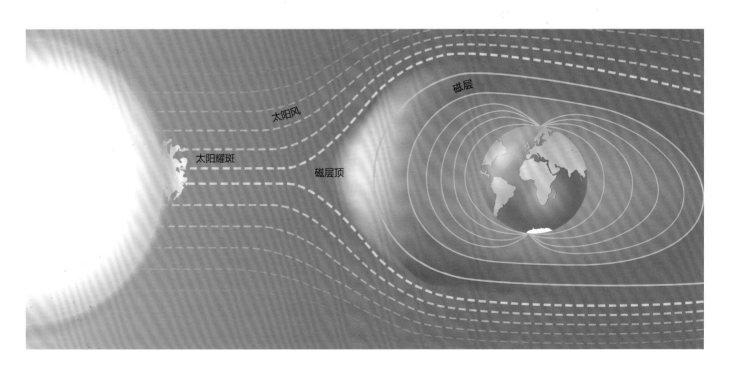

// 极光

高纬度地区的天空会周期性地被壮观的、色彩缤纷的光线照亮，也就是出现极光。

在北半球，极光被称为北极光；在南半球，它被称为南极光。

极光是由太阳释放的带电粒子（大部分是电子，但也有质子）与地球上层大气中的气体原子和分子之间的碰撞造成的。这种碰撞导致气体原子和分子要么被"激活"，要么被电离。然后，当它们回到正常状态时，就会释放出一个光子。不同的气体原子和分子产生不同颜色的光：氧气在低纬度产生绿光（最常见的极光颜色），在高纬度产生红光，而氮气发出蓝光和紫光。

虽然太阳释放出持续不断的带电粒子流——一种被称为太阳风的稀薄的高温磁化等离子体，但这还不足以形成极光。大多数时候，太阳风中的电子和质子在地球磁场的影响下偏转，远离地球（见第178页）。然而，太阳周期性地经历风暴，太阳风暴会加强太阳风。最强大的太阳风暴是日冕物质抛射，

上图 冰岛杰古沙龙冰河湖上空的北极光。

太阳的日冕释放出大量的等离子体并产生强大的磁场。如果它们发生在太阳面向地球的部分，这些太阳风暴将触发极光。

下图 从国际空间站看到的南极光。

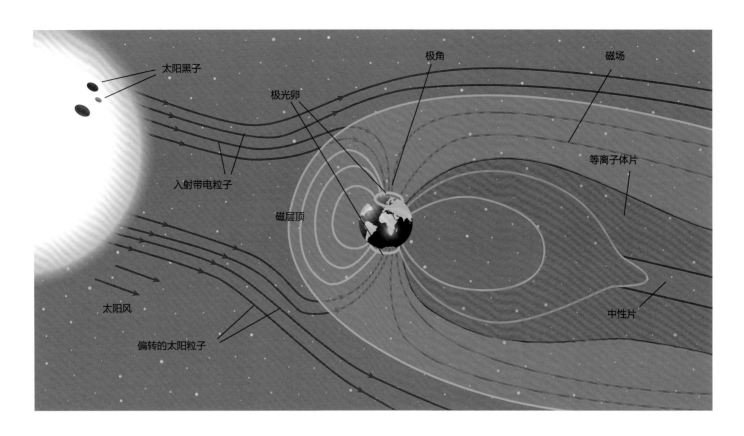

图中标注：太阳黑子　极角　磁场　极光卵　入射带电粒子　等离子体片　磁层顶　太阳风　偏转的太阳粒子　中性片

上图 大多数时候，太阳风会受到地球磁场的影响，但是当太阳耀斑出现时，高能等离子体就会汇集到极地区域，在那里它与气体原子和分子相互作用，形成极光。

太阳活动周期为 11 年；在其最强烈的阶段，日冕物质抛射变得更加频繁，大大增加了太阳风的强度。在这些时期，极光变得更加频繁和明亮。

极光有几种不同的形态：在靠近地平线的地方发出的微弱光芒，像彩虹一样从地平线到地平线的弧线，像丝带一样的光带，像云彩或窗帘一样的斑块，以圆柱、细丝或条纹的形式出现的光柱或光线，以及从天空中的一个点分散出来覆盖大片区域的光晕。极光的形态部分取决于地球磁场给带电粒子带来的加速度。当极光加强时，极光图案开始"舞动"，相当迅速地变化、流动。在大多数情况下，北极光和南极光互为镜像，在同一时间具有相似的形状和颜色。从巨大的天幕发出的光可以非常明亮，甚至在晚上读报纸都是可能的。

极光通常出现在距离地球表面 80 ～ 150 千米的高空，但也可能发生在高达 640 千米处。出现极光的地区被称为极光卵。它通常出现在一个被称为极光带的地带，极光带是一个距离地磁极 10° ～ 20° 的纬度带，宽 3° ～ 6°。太阳活动的增加导致两个极光卵扩大，因此极光出现在低纬度地区。

极光有时会发出嘶嘶声或噼啪声，甚至是沉闷的爆炸声，声音源自 70 米高空。一般认为，这些噪声是带电粒子与大气中的逆温层相互作用时产生的。

下图 这张地图显示了极光最常发生的地区。

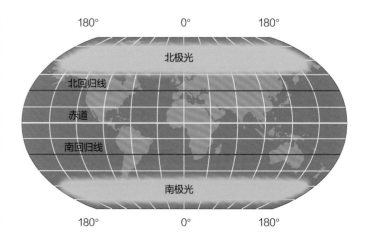

图中标注：180°　0°　180°　北极光　北回归线　赤道　南回归线　南极光　180°　0°　180°

// 气候变化

温室效应

大气中吸收热量的气体的浓度上升，已经导致了地球气候的变化。

温室效应描述了当地球大气层中的某些气体（主要是二氧化碳、甲烷、一氧化二氮和水蒸气，统称为温室气体）捕获热量时变暖的现象。就像温室里的玻璃一样，这些气体让阳光通过，但是之后又阻止阳光所含热量的散逸。

在自然状态下，温室效应负责维持地球的宜居性。如果没有温室效应，地球表面的平均温度将降低33℃。在地球漫长的历史中，温室气体排放量时升时降，全球气温也随之升降。然而，在过去的几千年里，温室气体的浓度和温度一直保持相对稳定，直到近年才有所变化。

燃烧化石燃料（石油、天然气和动植物残骸形成的碳氢

化合物，见第60页）和其他人类活动造成大量温室气体排放，加剧了温室效应，使地球大幅升温。自前工业化时期（1850年左右结束，没有具体的日期，也缺乏从这个时期开始的实际测量数据）以来，人类活动使大气中的二氧化碳水平上升了近50%。大气中二氧化碳、甲烷和一氧化二氮的浓度达到了80万年来的最高水平（二氧化碳在大气中可能存在了长达5000万年）。

如同在遥远的过去一样，最近温室气体浓度的上升导致了全球地表温度的上升。自前工业化时期以来，地球的全球平均气温上升了约1℃，并且将继续每10年上升0.2℃。有记录以来的16个最热年份中，只有一个出现在2000年以前。预测表明，如果碳排放继续以目前的速度增长，到2100年，全球平均气温将比1986—2005年的平均气温上升3℃～4℃。

下图 温室效应。入射的太阳辐射要么被反射回太空，要么被陆地、海洋和大气层吸收，导致它们升温。被陆地、海洋和大气层吸收的热量中，一部分被辐射回太空，另一部分被大气中的温室气体吸收。大气中温室气体的浓度越高，所保留的热量就越多。

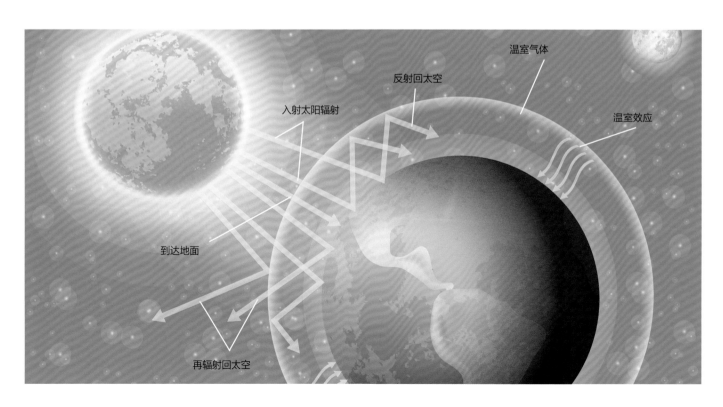

温室气体

反射回太空

入射太阳辐射

温室效应

到达地面

再辐射回太空

上图 工业活动排放的温室气体约占全球温室气体总排放量的 25%，主要是通过燃烧化石燃料获得能源，也包括利用原材料生产产品所必需进行的化学反应。

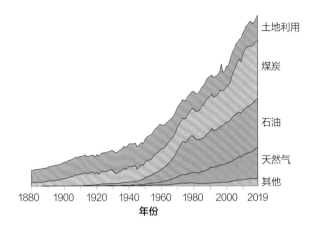

上图 自 1880 年以来全球二氧化碳排放量的来源分析显示矿物燃料燃烧占主导地位。

水蒸气是地球大气层中含量最丰富的温室气体，然而，水蒸气对气候变暖的影响是复杂的。全球气候变暖导致蒸发增加，空气中的水蒸气增加，因此全球气候变暖更加严重。但是，水蒸气的增加也会导致云增多，这意味着更多的太阳辐射被反射，因此全球气候变暖就减缓了。

二氧化碳是对温室效应贡献最大的温室气体。它主要是通过燃烧化石燃料、砍伐和燃烧森林以及生产水泥而产生的。每年，大约有 400 亿吨二氧化碳通过人类活动释放到大气中，其中大约 50% 被天然碳汇吸收（大部分被海洋吸收），其余部分留在大气中。

甲烷是一种增温潜力比二氧化碳更强的温室气体。在很小的时间尺度内，一个甲烷分子所吸收的热量大约是一个二氧化碳分子的 85 倍，但是它在大气中的浓度要低得多，而且它在大气中停留的时间要短得多（大约 10 年，而二氧化碳则可以停留几百年），所以它的影响没有那么大。甲烷的

主要来源包括水稻种植、牲畜饲养、煤和天然气燃烧以及垃圾填埋场中有机物的分解等。现在大气中的甲烷浓度几乎是工业革命前的 3 倍。

碳汇和碳源

碳汇是吸收碳并通过一个称为碳封存的过程将碳储存起来的贮存库，例如森林和海洋。碳源是产生由碳组成的化合物（如二氧化碳和甲烷）的系统或区域，例如，农场和内燃机。简单地说，碳汇吸收的碳比释放的碳多，而碳源释放的碳多于吸收的碳。

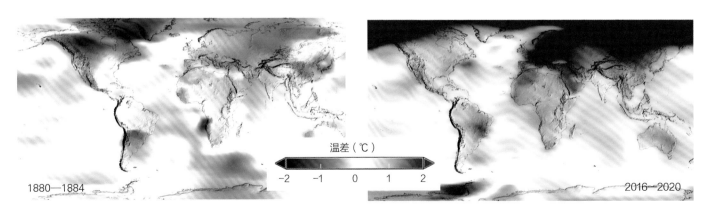

1880—1884

温差（℃）

-2　-1　0　1　2

2016—2020

上图 这两幅图像显示了全球气温异常（气温与1951—1980年30年基线期间的平均气温差值），以℃表示，分别反映1880—1884年（左）和

2016—2020年（右）两个时间段。高于正常温度用黄色和红色表示，低于正常温度用蓝色表示。从右图中可以看到北极极端变暖。

反馈和临界点

随着全球气候变暖，人们担心更高的气温会引发气候反馈，从而加快变暖速度。

反馈环包括一种变化，这种变化创造了对变化方向产生影响的条件，要么加强变化，要么减弱变化。现在全球气候变暖正在发生，有几种现象（被称为气候反馈）有可能加速（正反馈）或减缓（负反馈）变暖。

也许最令人担忧的正反馈发生在北极地区。在过去的30年里，北极变暖的速度大约是中纬度地区的2倍，这种现象被称为北极放大效应。

北极海冰的融化降低了该地区的总体反照率（反射率），这意味着更多的太阳热量被吸收，特别是被海水吸收，从而导致更多的海冰融化（海冰的损失是北极放大效应的一个关键驱动因素）。同样，不断上升的气温导致北极永久冻土融化，储存的大量碳被释放，气温进一步升高，导致更多的永久冻土融化（据估计，北极永久冻土融化每年释放约19亿吨碳）。干燥的气候条件导致了更加频繁的森林大火，同时也释放了大量的碳。最后，不断变暖的海水增加了天然气水合物沉积物融化的风险，导致大量甲烷突然被释放（一般认为，全球天然气水合物沉积物中的碳含量约为所有煤炭、石油和常规天然气中碳含量总和的2倍），这将进一步导致全球气候变暖。

在全球范围内，气温上升有可能使目前的碳汇（见第183页）变成碳源。例如，地球的土壤中含有大约2500亿吨碳，是大气中碳含量的3倍多，但随着全球气候变暖，土壤正越来越多地将这些碳释放回大气中。同样，海洋碳循环

下图 这张图显示了两个重要的气候反馈——蒸发和融化是如何加速全球气候变暖的。

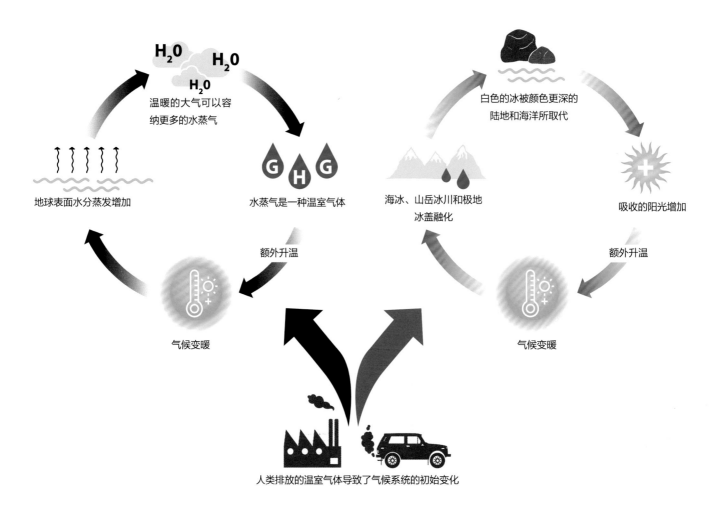

温暖的大气可以容纳更多的水蒸气

地球表面水分蒸发增加

水蒸气是一种温室气体

额外升温

气候变暖

白色的冰被颜色更深的陆地和海洋所取代

海冰、山岳冰川和极地冰盖融化

吸收的阳光增加

额外升温

气候变暖

人类排放的温室气体导致了气候系统的初始变化

的破坏（见第116页）也是一个主要问题。海洋是世界上最大的碳汇，但随着海水变暖，海洋碳汇的效率正在降低，大气中的碳含量增加，从而加速了全球气候变暖。

少数可能出现的气候负反馈之一是二氧化碳施肥，即更高的二氧化碳水平刺激植物生长，这将有助于清除大气中的碳。然而，不幸的是，任何刺激都可能被高温和干旱等抑制生长的因素抵消。

云既可以产生正反馈，也可以产生负反馈。全球气候变暖意味着更多的蒸发，也就意味着大气中有更多的水蒸气，形成更多的云（尽管更高的温度也会导致云消散）。更多的云意味着更多的太阳能被反射回太空，从而减缓全球气候变暖。然而，水蒸气是一种强大的温室气体，因此水蒸气的增加可能会加速全球气候变暖。由于这些原因，云对气候变化的影响仍然是预测未来全球气候变化的主要不确定性因素。

人们还担心，地球正在接近（甚至可能已经跨过）一个或多个临界点，即气温的小幅上升会造成突然的、意想不到

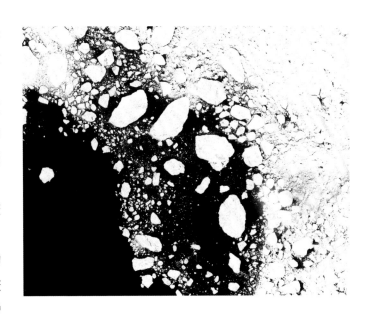

上图 海冰具有很强的反射能力，而开阔水域则非常有利于吸收太阳辐射。因此，当海冰融化时，裸露的海水变暖，导致更多的海冰融化。

的、永久性的变化，从而对全球产生影响。这类例子包括西南极冰盖的崩解、永久冻土的融化、南半球亚马孙雨林的萎缩和海洋输送带的崩溃。一些科学家警告，可能会发生一种"级联"，即一个临界点的突破导致另一个临界点的突破，从而导致地球自然系统变化的迅速升级。

下图 1957—2006年南极气温变化趋势。在这50年里，南极洲西部气候变暖的速度比地球上其他任何地方都要快，导致冰川退缩和冰架崩解。现在有人担心，西南极冰盖正在接近一个临界点，其崩解将变得不可逆转，这一事件将导致全球平均海平面上升3.3米。

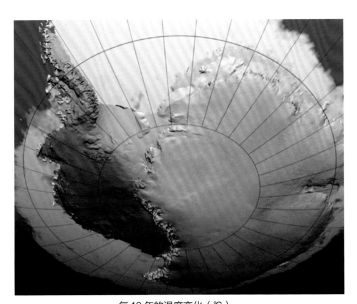

每10年的温度变化（℃）

0 0.05 0.10 0.15 0.20 0.25

热盐环流

融化的北极海冰正在降低北冰洋的盐度，提高海水温度，影响驱动海洋输送带的低温高密度海水的形成。最近的研究表明，自20世纪中叶以来，海洋输送带一直在减弱。这种情况如果持续下去，可能会对海洋吸收二氧化碳的能力产生重大影响，同时也会显著影响北半球，尤其是欧洲的气候。它甚至可能导致英国耕种农业的停止。它还可能减少亚马孙流域的降雨量，在萨赫勒地区造成近乎永久性的干旱，扰乱亚洲季风，并通过将温暖的海水带入南大洋而进一步破坏南极洲冰川的稳定，加速全球海平面上升。

影响

候正在变化的证据就在我们周围。冰的融化是全球气候变暖可预测的影响之一。北极海冰正以每10年12%以上的速度减少，按照目前的速度，夏季海冰预计将在20～25年内基本消失。自2002年以来，南极每年失去约1480亿吨海冰。山岳冰川也在以惊人的速度消退，自2002年以来损失了约67000亿吨冰。总的来说，自2010年以来，全球每年损失大约13000亿吨冰。

海冰的融化正在破坏北极动物的重要栖息地，如北极熊、海豹和海象的栖息地。同样，南极海冰的融化使西半岛的阿德利企鹅数量减少了90%甚至更多。

不断上升的气温还导致北极永久冻土融化，地面因此下沉，房屋、道路和其他基础设施遭到破坏。在阿拉斯加部分地区，永久冻土融化导致地面下沉超过4.6米。

融化的冰水大部分最终流入海洋，导致海平面上升，并且海平面上升由于温暖海水的热膨胀而加剧。自1880年以来，全球平均海平面已经上升了约25厘米，而且还在以每年约3.3毫米的速度继续上升。海平面上升将导致海岸侵蚀和洪涝灾害，以及海水倒灌河流和珊瑚岛的淡水透镜体。一些低洼岛屿将被完全淹没。如果格陵兰冰盖完全融化，海平面将上升约7米。

上图 北极熊在北极海冰上狩猎和长途旅行。随着冰盖的消失，北极熊被迫花费更多的时间在陆地上，这对它们的健康和繁衍产生了负面影响。

气候系统额外增加的热量也对天气造成严重影响。不断变化的降水模式导致干旱的频率和严重程度增加；随着洪水的频率和严重程度不断增加，极端降雨事件也变得越来越普遍。

尽管目前人们普遍认为，全球气候变暖并不一定意味着更多的热带气旋，但我们已经看到，最强大，因此也最具破坏性的风暴的发生频率正在增加。通过改变大尺度的大气环流模式，全球气候变暖也改变了风暴的典型路径。

因为两极地区比世界其他地区变暖更快，驱动急流的温差已经减小。急流变慢、变弱与格陵兰冰盖融化和致命天气事件增加有关，因为急流可以锁定天气系统，使它们在地区上空停滞。急流变弱也将增加北极空气逃离极涡（见第176页）并向南移动的可能性，给欧洲和北美洲带来寒冷天气。

天气的变化有许多直接影响。更长的干旱期，以及更频繁的极端高温，增加了野火的发生频率和严重程度。降雨时间的变化及其日益增长的不可预测性、干旱和极端降雨事件

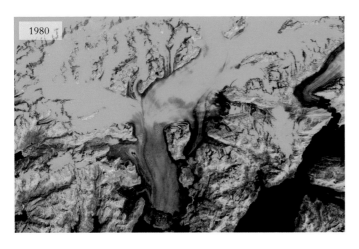

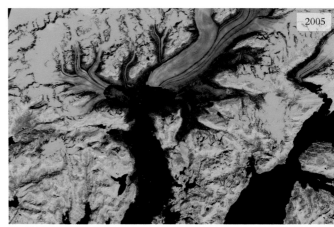

上方左图以及右图 阿拉斯加威廉王子湾的哥伦比亚冰川，分别摄于 1980 年和 2005 年。自 1982 年以来，该冰川以每年 600 米的速度后退。自 20 世纪 80 年代以来，它的厚度和体积减小了一半以上。

日益频繁以及高温胁迫日益严重，都将对许多地区的农业产生不利影响，威胁到区域和全球粮食安全，并使许多农民陷入贫困。更频繁的热浪严重威胁到老弱病残的生命。气温升高导致花粉季延长，使空气质量普遍恶化，这两者都可能导致更多的过敏和哮喘发作，肺功能下降和慢性肺部疾病恶化。

气温上升也有直接影响，这些影响特别体现在动植物物种的生存上。不断上升的水温正在毁灭世界各地的珊瑚礁，并威胁着它们的未来。在 2016 年和 2017 年，北冰洋周围海水的极端升温导致大约 50% 的珊瑚礁消亡。根据最近的一项研究，70% ~ 90% 的现存珊瑚礁可能在未来 20 年内消失。

在许多地区，不断上升的气温使得有害物种得以繁衍。例如，以云杉和松树为食，而且在寒冷的冬季活动受限的小蠹数量激增，破坏了北美洲数百万公顷的森林。携带病毒的蚊子扩大了活动范围，将疟疾、登革热和西尼罗病毒感染等传染病带到了新的地区。已经导致两栖动物在世界各地灭绝的壶菌等病原体也在更广泛地传播。

动植物在陆地和海洋的分布都在发生变化。许多陆地物种正在往更高海拔和纬度的地区迁徙，以寻找温度更适宜的栖息地。然而，许多物种无法迁徙，面临着灭绝的危险。在

海洋中，食肉动物及其猎物的活动范围的变化正在产生连锁反应：海鹦和企鹅等物种不得不进一步迁徙，为它们的后代寻找食物，因为温暖的海水已经导致猎物种群迁徙；在澳大利亚，海胆数量增加，致使巨型海带森林濒临灭绝。

动物（特别是许多鸟类）迁徙的时间和模式，也随着春天和秋天分别提前和推迟而改变。这种变化的后果是，迁徙的时间变化之后捕获猎物的难度也变了，所以父母努力为它们的孩子寻找食物。

下图 2011年9月，大火吞噬了巴斯特罗普州立公园附近的一条公路。不断攀升的温度导致野火的发生频率和强度都在增加。

延伸阅读

The Cloudspotter's Guide by Gavin Pretor-Pinney, Hodder & Stoughton, London, 2006.

The Dictionary of Physical Geography by David S.G. Thomas, Wiley-Blackwell, Hoboken, 2015.

Eric Sloane's Weather Book by Eric Sloane, Dover Books, Chatham, 1952.

Essentials of Oceanography: International Edition by Alan Trujillo and Harold Thurman, Pearson, London, 2014.

Fundamentals of the Physical Environment by Peter Smithson, Ken Addison and Ken Atkinson, Routledge, London, 2008.

Fundamentals of Weather and Climate by Robin McIlveen, Oxford University Press, Oxford, 2010.

How the Ocean Works: An Introduction to Oceanography by Mark Denny, Princeton University Press, Princeton, 2008.

Introducing Oceanography by David Thomas and David Bowers, Dunedin Academic Press, Dunedin, 2012.

Introducing Physical Geography by Alan H. Strahler, Wiley, Hoboken, 2013.

McKnight's Physical Geography: A Landscape Appreciation by Darrel Hess and Dennis G. Tasa, Pearson, Cambridge, 2013.

Oceans: Exploring the Hidden Depths of the Underwater World by Paul Rose and Anne Laking, BBC Books, London, 2008.

Ocean: An Illustrated Atlas by Sylvia Earle and Linda Glover, National Geographic, Washington DC, 2008.

Physical Geography: The Global Environment by Joseph A. Mason, James Burt, Peter Muller and Harm de Blij, Oxford University Press, Oxford, 2015.

Understanding Weather and Climate by Edward Aguado and James E. Burt, Pearson, Cambridge, 2013.

Weather: A Visual Guide by Bruce Buckley, Edward Hopkins and Richard Whitaker, Firefly, Toronto, 2004.

图片来源

t = 上, b = 下, l = 左, r = 右

Alamy: 124t, 155tr

David Woodroffe: 54, 73t, 89b, 94, 109b, 151b, 162, 172

ESA: 103b, 142, 178

Flickr: 155br (Alan Stark)

GEBCO: 95

Getty Images: 37t, 39

GRID-Arendal: 19b (Peter Prokosch), 99r

IRI: 165b (Earth Institute/Columbia University)

NASA: 38, 44r, 68, 80t, 86, 89t, 108, 113, 114, 115b, 126, 130, 132, 137, 139b, 140r, 141tr, 143t, 151t, 157t, 164t, 169b, 174, 175b, 177b, 180b, 183b, 187tl, 187tr

National Archives and Records Administration, USA: 135

National Science Foundation: 80b

National Snow and Ice Data Center, University of Colorado, Boulder: 44l

NOAA: 81tl, 97, 98, 99 tl, 99bl, 101r, 176

Pexels: 74 (Boriz Ulzibat)

Science Photo Library: 10, 11, 16, 30, 75tl, 93, 100, 105, 111, 159t, 159b, 171

Shutterstock: 2, 4, 5 , 6, 7, 8, 13, 14, 15t, 17, 18, 19t, 20, 21, 22, 23t, 23b, 25b, 26, 27t, 27b, 31t, 31b, 33, 35, 36, 37b, 43, 45, 50, 51t, 51b, 55, 56, 57, 58, 59t, 59b, 60, 61, 63t, 63b, 64, 65t, 65b, 67tl, 67tr, 67b, 69bl, 69tr, 69br, 70, 71, 72, 75 bl, 75 tr, 77b, 78, 79t, 79b, 81bl, 81br, 82, 84, 85t, 85b, 87, 88, 91b, 103t, 106t, 109, 110, 117t, 118, 121t, 122, 122t, 123b, 124b, 125l, 125tr, 127, 128, 131, 134t, 136, 138, 146, 147, 149t, 154, 155l, 156b, 157b, 160, 163, 164b, 169tl, 169tr, 173, 179tl, 179tr, 179b, 180t, 182, 183tl, 185t, 186, 187b

Shutterstock Editorial: 120

Wikimedia Commons: 24, 25t, 28, 29b, 34, 41, 42, 46t, 46b, 47, 48, 49t, 49b, 52, 53, 62, 66, 76, 91t, 92, 101l, 102, 106b, 107, 112, 117b, 121b, 125br, 133, 136r, 139t, 145, 148, 153, 158, 167t, 167b, 175t, 185b

World Resources Institute: 161